CHEMISCHE TECHNOLOGIE
IN EINZELDARSTELLUNGEN
HERAUSGEBER: PROF. DR. A. BINZ, FRANKFURT A. M.

ALLGEMEINE CHEMISCHE TECHNOLOGIE

VERDAMPFEN UND VERKOCHEN

UNTER BESONDERER BERÜCKSICHTIGUNG DER ZUCKERFABRIKATION

VON

W. GREINER

INGENIEUR IN BRAUNSCHWEIG

ZWEITE, ENTSPRECHEND ERWEITERTE AUFLAGE

MIT 28 FIGUREN IM TEXT

SPRINGER-VERLAG BERLIN HEIDELBERG GMBH
1920

ISBN 978-3-662-34174-2   ISBN 978-3-662-34444-6 (eBook)
DOI 10.1007/978-3-662-34444-6

An den Leser.

Die Verantwortung für das Erscheinen dieses Werkchens mögen die übernehmen, die mich überredet haben, dasselbe zu schreiben!

Einige sagen, der eine habe in seinen Schriften „Über Verdampf-Apparate und Verdampfstationen in Zuckerfabriken" gar zu einseitig für seine Sache propagiert; sie sagen, ein anderer sei für den Laien zu gelehrt und gebe zu viel; und wieder welche sagen, die Veröffentlichungen eines dritten, ebenso fleißigen und verdienstvollen Mannes wie der vorige, lägen zu zerstreut umher, als daß man sich daraus ein Unterrichtsmaterial bilden könne; und noch andere sagen noch vielerlei anderes.

Alle solche Urteile haben je nach dem Standpunkte des Suchenden und Verlangenden ihre volle Berechtigung, wer wollte das leugnen! Aber wer soll es allen recht machen? Die wenigsten suchen eine gründliche Belehrung, die meisten — leider! — verlangen nach einer Anleitung, wie sie sich in kürzester Zeit und am bequemsten leidliche Resultate errechnen können, und fordern für ihre sämtlichen Fragen eine Reihe Tabellen, aus denen sich alles zu ihrer vollen Zufriedenheit ohne Mühsal — und ihrer Meinung entsprechend — entnehmen läßt.

Was ich geschrieben habe, ist das, was ich für nötig und nützlich halte, nicht, was dieser oder jener gerade verlangen möchte. Durch meine Vorgänger habe ich mich mehr anregen als stören lassen und hoffe, daß es Leser gibt, die nicht bereuen werden, sich mit mir unterhalten — ich möchte sagen: mit mir einige Stündchen verplaudert — zu haben.

Braunschweig, den 13. Mai 1912. *W. Greiner.*

An den Leser.

Die erste Auflage meines Werkchens, von der ich nur fürchtete, daß der Herr Verleger damit stecken bleiben würde, ist soweit verausgabt, daß — wie man mir schreibt — eine zweite Folge in Vorbereitung genommen werden muß. Das ist für mich alten Mann noch eine große Freude.

Zum großen Teile ist sie mir dadurch geworden, daß von mancher Seite, auch von solcher, von der ich sie kaum zu erwarten hoffen durfte, so liebenswürdige Besprechungen gewidmet wurden.' Ich danke von Herzen für dieses offensichtliche Wohlwollen.

Viel zu ändern glaubte ich nicht nötig zu haben, wenn auch nicht alles von dem, was ich gab, die volle Zustimmung gefunden hat. Das ist ja selbstverständlich, und eigentlich lobenswert für beide Parteien, für den Verfasser wie für den Leser.

Ich habe nur korrigiert, wo ich glaubte, deutlicher sprechen zu können, und habe noch ein Schlußwort geschrieben, was mir angebracht schien angesichts neuer Anregungen.

Braunschweig, im Mai 1920. *W. Greiner.*

Inhalt.

1. Geschichtliche und kritische Vermerke über Verdampfung und Verdampfapparate.

Wahrscheinlich war es schon der prähistorische Mensch, der sich mit einem gewissen Bewußtsein der direkten Sonnenwärme bediente, um Wasser verdunsten und Gegenstände trocknen zu lassen; vielleicht hat er es auch schon unter Benutzung von der Natur gegebener oder auch erfundener Schalen zum Abdampfen und Verkochen gebracht.

Wer soll das wissen, und wer kann ahnen, welche Zwecke und Ziele er mit seinen Bemühungen verfolgte? Es wird vergeblich sein und bleiben, danach zu fragen. Herr Professor Dr. *E. von Lippmann* schreibt hierzu:

„Die Anfänge der Verdampfung sind jedenfalls bei der Bereitung von Heil- und Genußmitteln zu suchen. Im ‚Papyrus Ebers‘, der gegen 1500 v. Chr. niedergeschrieben ist und bereits ein ganzes pharmazeutisches System enthält, ist von Eindampfen und Kochen zu solchen Zwecken sehr oft die Rede, und es ist kein Zweifel, daß derlei Verfahren in Ägypten, aber auch in Babylonien und Vorderasien, bereits weitaus früher in Gebrauch standen und zur Konzentrierung von Arzneisäften, Parfümen und Aromen, Säften von Datteln und ähnlichen Palmfruchten, Most, Wein und anderem dienten. Uralt ist auch das Eindampfen von Salzsolen in China und Indien, während das Einkochen von Zuckersäften in Indien, wie ich in meiner ‚Geschichte des Zuckers‘ nachwies, erst im 4. bis 6. Jahrhundert n. Chr. erfunden wurde.

Plinius und *Dioskorides* melden natürlich auch gar vieles über das Einkochen verschiedener Substanzen, u. a. auch Salz, Laugen, Kupfervitriol u. dgl. (siehe meine ‚Abhandlungen und Vorträge zur Geschichte der Naturwissenschaften‘), sie stellen aber nur späte, allein aus viel älteren Quellen schöpfende Kompilatoren dar. Noch möchte ich an meine Nachweise erinnern, daß das Wasserbad (‚bain Marie‘) schon im 5. Jahrhundert v. Chr. und das Kochen unter Druck (à la Papin) bereits im 1. oder 2. Jahrhundert n. Chr. wohl bekannt war; den griechischen Chemikern Alexandrias im 3. bis 6. Jahrhundert n. Chr. war das Eindampfen und Einkochen, zum Teil auch schon das Destillieren, vollkommen geläufig; von diesen entlehnten es dann die Araber, und von diesen wieder die mittelalterlichen Chemiker und Techniker.“

So der bekannte Forscher und Gelehrte in seiner liebenswürdigen und hilfsbereiten Mitteilsamkeit.

Aus dem Umstande, daß das Kochen unter Druck schon bald nach Christus bekannt war, muß man schließen, daß um dieselbe Zeit entweder die Metallbearbeitung oder die Glasmacherei, vielleicht auch beide, schon imstande waren, dichte und feste flaschen- oder retortenähnliche Gefäße von großer Widerstandsfähigkeit gegen inneren Druck herzustellen. (Wie weit sich Glas zu solchen verwenden läßt, zeigen unsere Champagnerflaschen, welche lange bei einem Innendruck von 5 und mehr Atm. lagern und auf mindestens die doppelte Beanspruchung geprüft werden.)

Form und Material und Stärke werden sich dem Ziele, welches wir verfolgen, anpassen müssen. Wir haben deren drei, die wir deutlich unterscheiden:

1. Wir kochen eine Flüssigkeit, um mehr oder weniger — bis zu einem gewünschten oder möglichen Grade — ihr Lösungsmittel zu beseitigen und (vielleicht schließlich durch Trocknen) ihre restlichen Bestandteile zu gewinnen. Das ist Abdampfen, Eindicken.

2. Wir kochen eine Flüssigkeit, um in Dampfform Stoffe aus derselben abzuscheiden, die wir durch Kühlung wieder in tropfbare Form zurückführen, also als Flüssigkeit aus der ersten abgesondert erhalten. Das ist Destillieren, bei Wiederholung derselben Operation: Rektifizieren.

3. Wir kochen eine Flüssigkeit, um ihren Dampf als Vermittler einer Energie zu benutzen, sei es, daß wir ihn als Spannungs- oder als Wärmeträger verwenden. Das ist Verdampfen.

Das vorliegende Werk beschäftigt sich hauptsächlich mit dem Studium des Abdampfens von Flüssigkeiten, mit dem durch Wärme erzielten Ausstoßen eines wertlosen Lösungsmittels, um Wertvolles zurückzuhalten, z. B. Zucker, Salze, Farbstoffe, Leim usw.

NB. Man findet für „Abdampfen“ allerdings gemeinhin auch das Wort „Verdampfen“, spricht sogar mehr von Verdampf-, als von Abdampf-Apparaten; und das nicht ganz mit Unrecht, weil — wie wir sehen werden — in der weitentwickelten Form der Abdampfung auch insofern eine Verdampfung im Sinne (3) stattfindet, als der Abdampf zugleich als Kochdampf Dienste verrichtet.

Das Abdampfen von Flüssigkeiten ist seit jener Zeit in den Vordergrund des Interesses getreten, als die Industrien nach und nach Massenleistungen verlangten, zuerst die Salzgewinnung aus Solen, dann auch die sich mit Riesenschritten verbreitende Zuckerfabrikation. In beiden Zweigen sind ungeheure Mengen von Wasser abzusondern, während die gewonnenen Rückstände quantitativ nur einen kleinen Teil der ursprünglichen Lösung darstellen. Man mußte daher mit aller Gewalt darauf bedacht sein, die Absonderung so vieler wertloser Wassermengen billiger und immer wieder billiger werden zu lassen; und wirklich finden wir auch dieses Streben mit Erfolg gekrönt aus der Zuckerindustrie hervorgehen. Der Werdegang vollzieht sich in beiden. Beide rivalisieren, eine schlägt die andere mit neuen Ideen und mit der Erfindung geeigneter Apparate.

Péclets Handbuch über die Wärme und ihre Anwendung in den Künsten und Gewerben II, 7 und 8, welches auch *Jelinek* als unumgängliche Quelle benutzt, gibt uns über diesen damaligen Kampf willkommenen Bericht. Daraus einige Daten:

Im Anschluß an die Abdampfung, die in offenen Pfannen vorgenommen wurde, wobei also der Dampf für wertlos gehalten wurde und auch ungenutzt entwich, kommt langsam und schrittweise die Weiterverwendung der Wärme, die im Dampfe enthalten ist, zur Anerkennung: Der Dampf enthält Wärme, denn er hat Kohlen verbraucht, also Geld gekostet: er wird ein Wertobjekt!

„... Wenn aber" — so heißt es bei *Péclet* (übersetzt und erweitert von Dr. *C. Hartmann* 1860) — „die Flüssigkeit in einer verschlossenen Pfanne abgedampft wird, und zwar bei einer Temperatur, die höher ist als die Siedehitze in der Luft, oder wenn das Sieden im luftleeren Raume stattfindet, so kann man die bei dem ersten Prozesse verbrauchte Wärme mehrmals benutzen, freilich mit verwickelten Apparaten, welche eine sorgfältige Konstruktion und Benutzung der Apparate voraussetzen, die aber eine wesentliche Brennmaterialersparung veranlassen."

Dieser Satz *Péclets* läßt zwar die gänzliche Absage an die Benutzung offener Pfannen vermuten, aber in der Erläuterung einer folgenden Zeichnung wird ein Apparat vorgeführt, welcher 3 Pfannen für die Eindickung von Laugen zeigt, von denen 2 so untereinander verbunden sind, daß nur die eine, die mit einem Schlußdeckel versehen ist, ihren Dampf durch die Heizschlange der anderen abschickt und ungehindert frei ausgehen läßt. Alle 3 Pfannen werden von Feuergasen bestrichen, die dritte zuerst. Die Wiederbenutzung der Dampfwärme erscheint demnach nur als ein zaghafter Versuch und kann wohl kaum von wesentlichem Einfluß auf die Brennmaterialersparnis gewesen sein. Der Erfinder dieses Apparates ist nicht genannt. Es wird mit Recht ein Schlußsatz hinzugefügt: „Unter gewissen Umständen konnte man auch den in der ersten Pfanne hervorgebrachten Dampf benutzen, wenigstens während eines gewissen Teiles der Dauer der Konzentration." Es muß zum Verständnis dieses Vorschlages hinzugesetzt werden, daß diese „erste Pfanne" nach unserer heutigen Auffassung die „dritte" ist, da sie die am weitesten konzentrierte Lauge enthält; und auch, daß dieser Apparat ohne Kondensation gearbeitet hat.

Diese Arbeit, einerseits mit Feuerbeheizung für die erste Pfanne, andererseits das Kochen auch in der letzten Pfanne ohne Benutzung der Druck- und Temperatur-Erniedrigung, zieht sich noch auf lange Zeit hinaus und wird auch noch bald so, bald so in einer Zeit ausgeübt, in der sowohl die Beheizung durch Dampf, als auch die Benutzung der Luftverdünnung durch Kondensation der Dämpfe bekannt und geübt war. Freilich benutzte man zuerst zur Herstellung der Leere nicht die Luftpumpe, sondern man ließ periodisch nach Bedarf in seitlich angebrachte Ballons, die man durch Hähne ein- und ausschalten konnte, Dampf eintreten, den man durch Einlassen von Wasser kondensierte. Die auf solche Weise geschaffene Luftverdünnung konnte natürlich nicht lange anhalten, weil sich diese Räume bald genug mit den aus der Kochflüssigkeit stammenden unkondensierbaren Gasen füllten, die den Druck wieder erhöhten. Die Handhabung war also recht umständlich und unsicher.

Solch ein Drei-Pfannen-Apparat (mit Dampfbeheizung, mit Doppelboden und Schlangenrohr in jeder Pfanne, und mit allen Nebenteilen dieser Apparate) war einer, dem der *Degrand*sche Destillierapparat als Ein-Pfannenapparat zum Vorbild gedient hatte; er war nur eine Verdreifachung desselben und entbehrte noch, wie beschrieben, der kontinuierlichen Luftleere, wie auch jener erste. An die Besprechung dieses Apparates — es fehlt leider auch hier der Name des Konstrukteurs — knüpft *Péclet* folgende Betrachtung: „Es würde gewiß sehr vorteilhaft sein, die Luftleere durch eine Luftpumpe herstellen zu lassen, welche mit dem Behälter für das Kondensationswasser in Verbindung stände, und die durch eine Hochdruckmaschine ... ohne Kondensation betrieben würde; da der Dampf, nachdem er in der Maschine benutzt worden ist, zur Erhitzung angewendet wird, so würde die Triebkraft nichts kosten."

Es folgt diesen wichtigen Worten noch die Bemerkung: „Es müßte aber jeder Behälter für das Kondensationswasser mit der Pumpe mittelst eines Hahnes in Verbindung stehen, welcher es gestattete, den zweckmäßigen Druck in der entsprechenden Pfanne zu erhalten; die letztere müßte daher mit einem Manometer versehen sein."

Der „zweckmäßige Druck" stellt sich nämlich bekanntlich von selbst ein.

Wir sehen bei *Péclet* ferner noch zwei *Pecqueur*sche Mehr-Pfannen-Apparate beschrieben, von denen der erstere, 1834 patentiert, eine Dampfbeheizung, der folgende, 1849 patentiert, auffallenderweise wieder eine Feuerbeheizung aufweist. (Die erste feuerbeheizte Pfanne, ein stehender Apparat, benutzt die bekannten *Field*schen Rohre.)

Der Grund dieser Umkehr war wohl nur der, daß im ersten Apparate die Heizflächen sehr beschränkt waren und auch bleiben mußten — da die Heizfläche jeder Pfanne nur aus der Fläche eines etwas gewölbten runden Bodenbleches bestand —, und daß bei der Vierteilung des Gesamttemperaturgefälles des Dampfes der Effekt recht klein ausfiel, während dem Erfinder daran liegen mußte, eine größere und wirksamere Heizfläche herauszuholen: Erweiterung der Heizflächen und Vergrößerung der Temperaturdifferenzen durch die heißeren Feuergase.

Das Urteil über diesen 1849 patentierten *Pecqueur*schen Apparat lautet bei *Péclet*: In bezug auf die physischen Erscheinungen, die in diesem Apparate entstehen, ist derselbe sehr zweckmäßig, während er in praktischer Hinsicht wesentliche Nachteile hat. Die erste, unmittelbar von dem Roste erhitzte Pfanne kann fast gar nicht gereinigt werden, und die übrigen haben, obgleich im geringeren Grade, dieselben Nachteile.

Man ersieht aus alledem, daß in dieser Sturm- und Drangperiode in der ersten Hälfte des 19. Jahrhunderts auch gelegentlich Rückschritte gemacht wurden.

Nach *Péclets* Vermutung ist dieser *Pecqueur* als der eigentliche Erfinder (und man könnte fast sagen: Vollender) der mehrfachen Benutzung der Wärme anzusehen, denn er schreibt: „Das Prinzip der sukzessiven Destillationen und Abdampfungen mit Benutzung derselben Wärme scheint zuerst im Jahre 1829 von *Pecqueur* versucht worden zu sein; später im Jahre 1845 sind ähnliche Apparate in Amerika und in mehreren anderen Ländern konstruiert worden." Aber abgesehen von dieser Wahrscheinlichkeit erkennen wir in dem erstgenannten *Pecqueur*schen Apparate vom Jahre 1834 schon den fertigen Vier-Körper-Apparat.

Wir kommen nun zu einem Konstrukteur, der später in der Frage der Dampfverwendung und Dampfverwertung eine große Rolle spielen sollte: zu *Norbert Rillieux*. Für jetzt haben wir nur die Erfindung seines Abdampfapparates zu behandeln. Folgen wir wieder *Péclet!* „Ums Jahr 1845 hat der Amerikaner *Rillieux* einen Abdampfapparat durch Dampfkondensation nach denselben Grundsätzen, wie die hier auseinandergesetzten, konstruiert. Es hat derselbe Ähnlichkeit mit einem Lokomotivkessel; nur werden die beiden Kästen an den Enden der Röhren, der erste von dem Dampfe, der verdichtet werden soll, und der andere von dem kondensierten Wasser eingenommen. Der die Röhren umgebende Raum ist mit der zu konzentrierenden Flüssigkeit angefüllt. Die bei dem Sieden sich entwickelnden Dämpfe strömen zuvörderst in die Kuppel der Pfanne, aus welcher sie durch eine weite Röhre ausströmen,

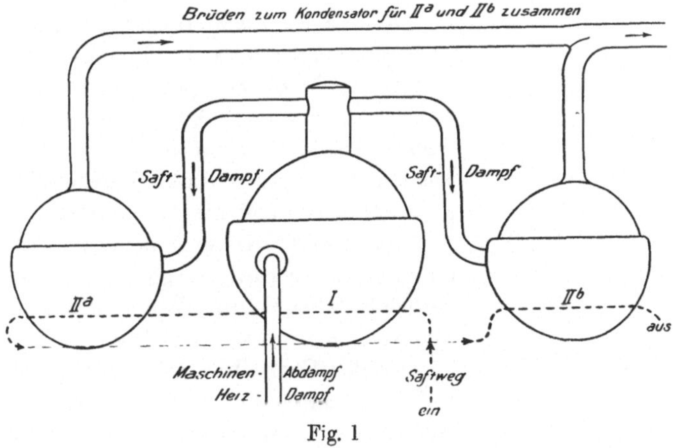

Fig. 1

um in die Röhren der folgenden Pfanne zu gelangen. Die zur Zirkulation der Dämpfe der zu konzentrierenden Flüssigkeit und des Kondensationswassers angewendeten Einrichtungen bieten nichts Eigentümliches dar; dieselben sind verwickelt und haben den Hauptnachteil des *Pecqueur*schen Apparates, daß sie sich nur schwierig von den darin gebildeten Niederschlägen reinigen lassen. . . . Sein Apparat bestand aus drei Pfannen, und die in der ersten erzeugten Dämpfe verdichteten sich gleichzeitig in den beiden anderen; eine Wirkung, welche nicht eher erfolgen konnte, ehe die Flüssigkeiten dieser beiden Pfannen in gleicher Temperatur zum Sieden gelangen konnten, und dennoch brachte *Rillieux* Flüssigkeiten von verschiedener Dichtigkeit in denselben ein. Es war demnach der Apparat wirklich nur ein doppelt wirkender, und er hatte nur dann eine dreifache Wirkung, wenn er den ersten Kessel mit Dampf aus einer Hochdruckmaschine (ohne Kondensationsdruck) speiste, und wenn die Wirkung des von der Maschine erzeugten Dampfes berücksichtigt wurde." Es wäre wohl besser gewesen, wenn der letzte Satz nur geheißen hätte: „Es war demnach der Apparat wirklich nur ein doppelt wirkender." Denn der Heizdampf erscheint nur in 2 Stufen, als Maschinenabdampf im Körper I, und als Saftdampf aus dem Körper I in den Heizkammern der beiden anderen Körper IIa und IIb, wobei in diesen Säfte von verschiedener Dichte, also von verschiedener Siedepunktlage kochen, und unter gleichem Drucke des Brüdens in einem gemeinschaftlichen abdampfen. Wenn auch diese Einrichtung nicht gerade als mustergültig anzusehen ist, so ist sie doch nicht, wie es manchem erscheinen möchte, unmöglich. Denn zwischen der Saftdampftemperatur aus Körper I, die in den beiden Heizkammern IIa und IIb herrscht, und der Brüdentemperatur im Kondensator ist ein weiter Spielraum für den Siedepunkt der kochenden zweierlei Flüssigkeiten, und es ist nichts weiter, als daß da, wo der Siedepunkt tiefer liegt, eine größere Abdampfung erfolgt, als auf der anderen Seite[1].

Rillieux ist nach dieser Auseinandersetzung nicht und keineswegs der Entdecker oder gar Erfinder des Mehr-Körper-Systems, sondern der Konstrukteur eines Apparates, in welchem bei einigen Abänderungen und handwerklichen Anpassungen in einem Lokomotivkessel die Feuergase durch Dampf ersetzt wurden.

Damit sollen diese Arbeiten nicht etwa gering eingeschätzt werden, es soll nur der wahre Sachverhalt festgelegt sein. Wenngleich ein fertiges Vorbild vorhanden war, welches nur der zweckentsprechenden Form harrte — und wo gäbe es eine Erfindung, die sich nicht auf schon Bestehendem aufbaute? —, so war doch das richtige Finden schon ein Verdienst, und das Ergebnis war, daß nun die große Heizfläche, nach welcher die Industrie schon lange genug gesucht hatte, zur Benutzung stand.

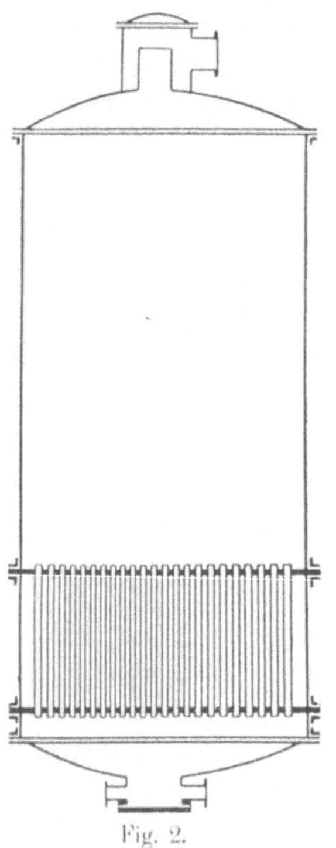

Fig. 2.

Nun fällt auch die Legende weg, nach welcher sich Tischbein bei der weiteren Verbreitung des Apparates so sehr versehen hätte, daß unter seinen Händen der ursprüngliche *Rillieux*sche Drei-Körper-Apparat ein Zwei-Körper-Apparat mit 2 zweiten Körpern geworden wäre. Dem ist nicht so: *Rillieux*s Apparat war ein ausgesprochener Zwei-Körper-Apparat trotz seiner 3 Körper, und *Rillieux*s Nachahmer haben nur die Füllung der einzelnen Körper geändert — geändert: weder verbessert, noch verschlechtert, sie haben für die 2 Dampfstufen auch 2 Saftstufen (statt 3) geschaffen.

Der *Rillieux*sche Apparat in Gestalt und Prinzip kann als vergessen angesehen werden; er ist außer Gebrauch gesetzt, nicht aber ohne wieder

---

[1] Der Verfasser hat in einer holländischen Zuckerfabrik einen Drei-Körper- mit einem Vier-Körper-Apparate zusammengesetzt, deren beide letzte Körper an einem gemeinschaftlichen Kondensator hingen. Man muß sich nur über die Folgen solcher Kombinationen klar sein.

Anregung für weitere Fortschritte, die wir im *Wellner-Jelinek*-Apparate finden werden, gegeben zu haben.

„Die von *Robert* in seiner Runkelrübenzuckerfabrik zu Seelowitz bei Brünn in Mähren angewendete Einrichtung"— so fährt *Péclet* fort — „scheint weit zweckmäßiger zu sein. Sie besteht in einem senkrechten Kessel, der durch zwei horizontale Scheider (starke eiserne Platten), welche durch eine große Anzahl Röhren miteinander verbunden sind, in 3 Abteilungen geteilt ist (Fig. 2). Die abzudampfende Flüssigkeit füllt die ganze untere Abteilung, die Röhren und einen Teil der obersten Abteilung an, während der Dampf in dem Zwischenraume zwischen den Röhren zirkuliert. In Beziehung auf die Anlagekosten hat diese Einrichtung wegen ihrer vielen Fugen (Blechstöße mit Winkeleisen) dieselben Nachteile wie die vorhergehenden; allein die inneren Oberflächen der Röhren, sowie auch die Pfanne, lassen sich sehr leicht reinigen, und auf den äußeren Oberflächen können keine Absätze (Niederschläge) entstehen, da sie nur von Dampf berührt werden."

Bis hierher reichen die Berichte *Péclets*[1] und seines Übersetzers und Mehrers *Hartmann*, der im Jahre 1860 verschieden ist.

Unter anderen Namen, meist nach denen seiner Fabrikanten, die wohl diese oder jene kleine Änderung einführten, beherrscht der *Rillieux*sche Apparat als *Piedboeuf, Cail, Heckmann, Aders, Hallstroem* usw. das Feld in Konkurrenz mit dem *Robert*, der schließlich den Sieg davonträgt, hauptsächlich wohl wirklich, weil seine Konstruktion das Reinigen der Rohre geschehen läßt, also einem von Anfang an gefühltem Übelstande der liegenden Apparate Abhilfe schaffte.

Schließlich ringt sich auch einmal ein neues Prinzip durch alle anfänglichen Schwierigkeiten hindurch: das Rieselsystem, bei welchem die abzudampfende Flüssigkeit in dünnen Schichten an den von innen oder außen beheizten, dem Dampfe gegenüber liegenden Rohrwänden entlang geleitet wird, je nach Bauart horizontal (*Yargan*), oder vertikal (*Lillie, Schwager, Chapman, Claassen*), durch eigene Schwere sinkend oder durch Druck in die Höhe geschoben (*Kestner*).

Neben der Umwandlung der Formen der Verdampfapparate vollzog sich auch die Erweiterung des Gebietes für die Wärmeverwertung, zuerst durch *Rillieux*, dann durch *Greiner-Pauly*[2], die den Kesseldampf neben dem Maschinenabdampfe als Heizdampf verwendeten, wodurch auch die Kochstation der Beheizung mit Saftdämpfen zugänglich wurde, was *Rillieux* bis dahin vergeblich angestrebt hatte.

---

[1] Die Reihenfolge dieser Erfindungen wird von anderer Seite ganz anders gegeben. Mit Interesse wird man die Broschüre von *Ernst Rassmus*, Magdeburg, vom März 1885 lesen: „Was bietet das Procédé Rillieux?" Beitrag zur Kenntnis der Verdampfungsfrage in Zuckerfabriken.

[2] Durch *Greiner* in der Zuckerfabrik Groningen, durch *Pauly* in der Zuckerfabrik Mühlberg zugleich und unabhängig voneinander, aber nach gegenseitigem Gedankenaustausch, eingeführt. Ein Jahr vorher war dieses System — freilich vergeblich — von *Greiner* zum Patente angemeldet.

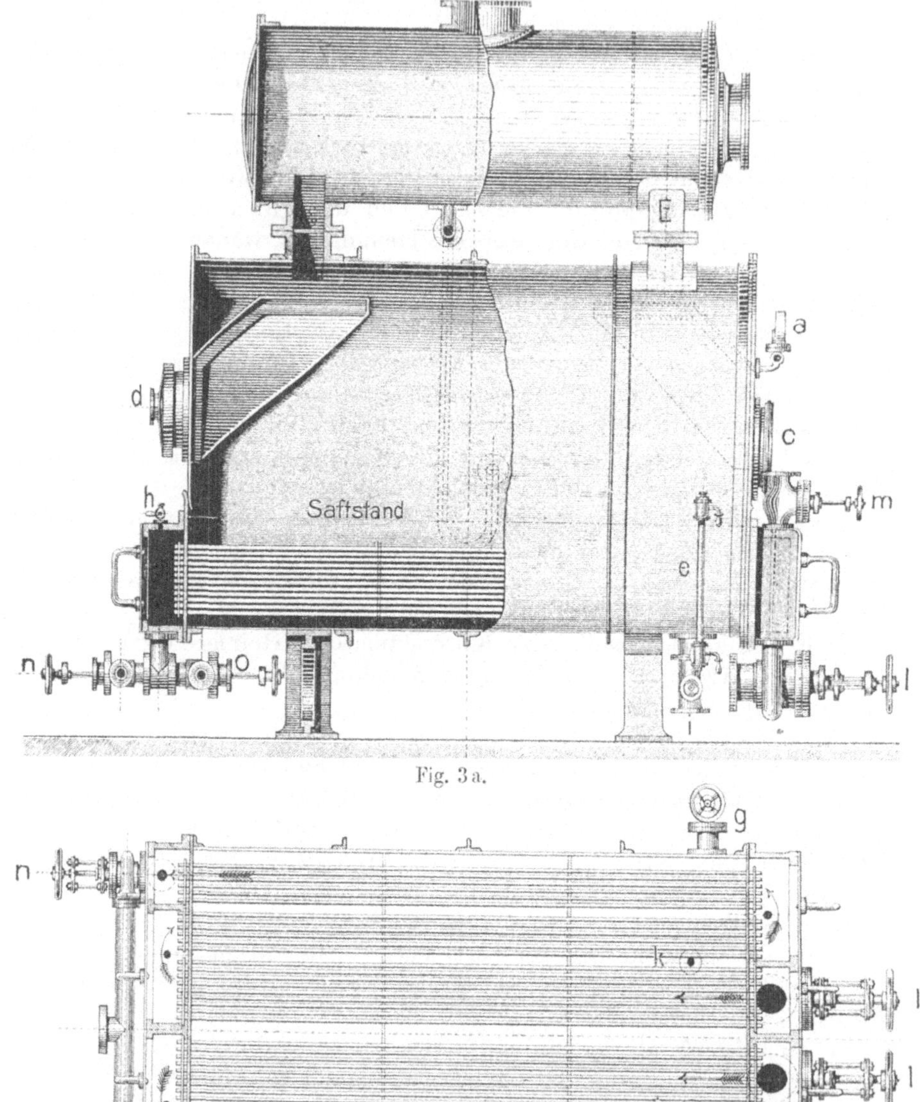

Fig. 3.   Verdampfapparat Wellner-Jelinek[1].

____

[1] Die Figuren sind dem vergriffenen und nicht wieder erschienenen Werke *Jelinek*s: „Über Verdampfapparate und Verdampfstationen in Zuckerfabriken" entnommen.

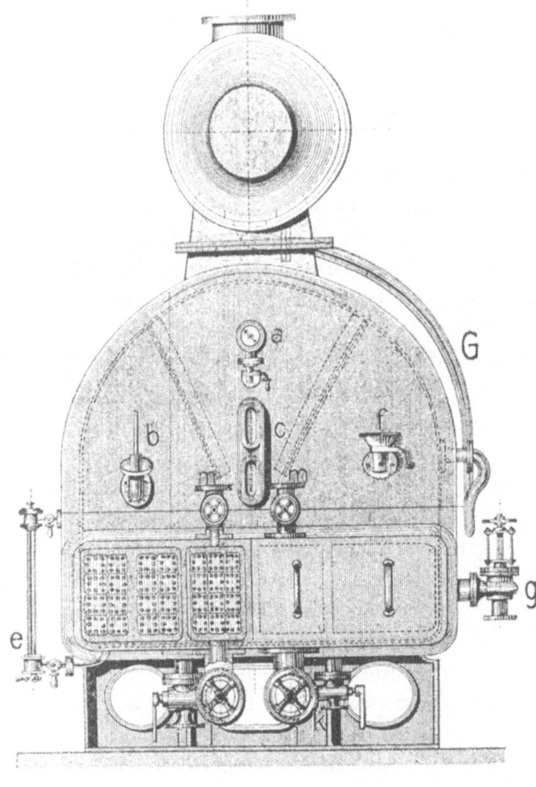

Fig. 3c.

An Stelle des Einzel-Körpers setzte *Greiner* zwei Jahre später den Vorverdampfer-Zwei-Körper-Apparat, wiederum in der Zuckerfabrik Gröningen[1]; und auch einmal (1908), freilich unter ganz ausnahmsweisen Vorbedingungen in der Zuckerfabrik Maltsch einen Drei-Körper-Apparat.

Wir geben nun in möglichster Kürze ein Bild der konstruktiven Entwickelung der Verdampfer als Einzelkörper und kommen erst später auf die Bedeutung von Körper-Zusammenstellungen oder Reihen zurück.

A. Die Verdampfer liegender Bauart und ihre Eigenschaften.

Jelinek[2] verbessert — wie weit der stets mitgenannte Professor *Wellner* dabei beteiligt ist, ist nirgends zu ersehen — den *Rillieux*schen Abdampfer nach folgenden Grundsätzen, die man sich aus seiner Arbeit „Über Verdampfapparate und Verdampfstationen" herausziehen mag:

1. Er tadelt den niedrigen Steigraum in den bisherigen und den kleinen Flüssigkeitsspiegel besonders in den *Robert*schen stehenden Apparaten und gibt seinen Apparaten einen hohen gewölbten Raum bei großer Ausdehnung der Abdampffläche;

2. er verpönt hohe Flüssigkeitsschichten, und führt niedrige ein;

3. er setzt an Stelle eines gemeinsam liegenden Bündels von Heizrohren, deren Durchmesser wenigstens 55 mm gewesen sein soll,

---

[1] Solche tief eingreifenden Umwälzungen können nur gelingen unter vollem Einvernehmen mit den leitenden und maßgebenden Persönlichkeiten, wofür ein ganzes Verstehen Voraussetzung ist. Herr *Fr. Hecker* sen. in Gröningen, der auch schon als eifriger Förderer des neueren Vakuumbaues *Greiners* Intentionen Gestalt gegeben hatte, war auch hier der Helfer. Das soll nicht vergessen werden! — Die Herren Dr. *Brukner* und *Köhler*, als derzeitige Beamte der Zuckerfabrik Gröningen, haben der neuen Richtung gleichfalls manchen guten Dienst durch Wort und Tat geleistet.

[2] Siehe: Die Verdampfapparate und Vakuen in den Zuckerfabriken Deutschlands und Österreich-Ungarns. Von Ingenieur *W. Greiner*, Braunschweig. Österr.-Ung. Zeitschr. f. Zucker, VI. Heft. Wien 1904.

mehrere Bündel von Rohren mit 20 mm Durchmesser, und führt den Heizdampf mehrere Male hin und her. Die Zahl der Rohre nimmt bei jeder Wendung ab, entsprechend dem Abgange an Verbrauchsdampf.

Wir haben dazu zu bemerken:

ad. 1. Ja, das Überreißen von Flüssigkeitsteilchen ist ein Übelstand, der um so stärker auftritt, je niedriger der Steigraum ist. Und wenn dieses Übel durch Erhöhung des Steigraums auch nicht beseitigt werden kann, so wird es jedenfalls gemildert, und darum ist *Jelineks* Verlangen korrekt und seine Ausführung gut. Mit sogenannten Saftfängern, die, sie mögen heißen wie sie wollen, alle mehr oder weniger schwere Hindernisse für die Dampfströmung in den Rohrleitungen bilden, wird man nie den Erfolg haben können, den ein hoher Steigraum erringt, in welchem die Geschwindigkeit der Dämpfe die bei weitem geringste innerhalb der ganzen Station ist.

Mit dem erweiterten Flüssigkeitsspiegel würden wir uns auch sofort einverstanden erklären müssen, wenn es sich nicht um Abdampfen, sondern um Abdunsten handelte. Wir werden aber beim Abdampfen einer Flüssigkeit in der Praxis kaum einen Flüssigkeitsspiegel finden, der von so geringer Ausdehnung wäre, daß er ein Hemmnis für den Austritt des Dampfes aus einer Kochmasse bilden könnte. Für Flüssigkeiten, die zur Schaumbildung hinneigen, mag die Ausdehnung der kochenden Fläche nach der Horizontale hin eine Bedeutung haben, im allgemeinen und hier wohl weniger.

ad. 2. Es ist richtig, daß hohe Flüssigkeitssäulen mit ihrem Gewichte das Kochen in tieferen Lagen erschweren, und daß damit ein Verlust an nutzbarem Temperaturgefälle verbunden ist. Aus diesem Grunde wäre ja also auch dem Drängen nach niedriger Flüssigkeitsschicht nachzugeben.

Man muß auch zugestehen, daß das Kochen einer niedrigen Flüssigkeitsschicht ruhiger vor sich geht, und daß bei ruhigem Kochen von vornherein der Bildung von Saftspritzeln (Rudera geplatzter Bläschen) die Gelegenheit bis zu einem gewissen Grade genommen wird; aber — man wird auch Nachteile finden, die gar nicht unerheblich sind. Dahin gehört folgendes: In einer kochenden Flüssigkeit steigen die Dampfblasen wie Perlenschnüre in die Höhe. Je tiefer ihr Ursprung liegt, und je größer der Unterschied zwischen Heizdampf- und Saft-Temperatur ist, desto weiter dehnen sich die Blasen aus, desto leichter wird die von ihnen durchsetzte Flüssigkeitsschicht; und je dichter sich die Blasenreihen aneinander drängen, das heißt nichts anderes, als: je kleiner der Flüssigkeitsspiegel ist, desto mehr vollzieht sich das, was man das Aufsteigen des Saftes nennt. Es sieht das zwar in der Tat nach mehr aus als es ist; aber es ist genug, um für den Fall, daß es für die aufsteigende Flüssigkeit einen Weg für das Abfließen oder Wiedernachuntenfließen gibt, die Zirkulation bewirkt, das unaufhörliche Wechseln der sich immer neu ergänzenden Flüssigkeitsmenge an den Rohrwandungen, von denen die Wärme in die Flüssigkeit übergeht. Für diesen Umlauf fehlt bei *Jelinek* alles. Und das ist um so auffälliger, weil er an gleicher Stelle, wo er die Vorzüge seines Apparates hervorhebt, auch die Wichtigkeit der Zirkulation betont und durch den Abdruck von Versuchsresultaten belegt. (Journ. des Fabricants de sucre No. 18, 1881.) *S. v. Ehrenstein* hat sich damit beholfen, daß er dicht an den Rohrbündeln außerhalb derselben vertikale Blechstücke einsetzte und damit zwei Abteile außerhalb des Rohrbündels abtrennte, in welchen die gehobene Flüssigkeitsschicht nach Freiwerden der Dampfblasen ihren Weg nach unten nehmen konnte, um wiederum zwischen den Rohren den Aufstieg nach oben zu nehmen, wobei neue Blasen sie förderten.

Bei *Jelinek* gibt es also keine Zirkulation. Die Bewegung der Flüssigkeit und der Wechsel derselben an den Wandungen der Rohre, was zusammen er mit „Zirkulation" bezeichnet, wird nur soweit reichen, wie das in diesem engen Bereiche geschehen kann. Die aufsteigenden Dampfblasen wachsen bei niedriger Schicht nicht recht aus, infolgedessen bleibt der Gewichtsunterschied dampfblasenfreier und dampfblasenhaltiger Flüssigkeit zu gering, und die anerkannt so wichtige Zirkulation, der Saftumlauf, fehlt — nicht anders als dem Schornstein der Zug, wenn die inneren Feuergase zu kühl werden und der Außenluft gegenüber nicht leicht genug bleiben.

Um dem Unterschiede zwischen den alten liegenden Apparaten und den stehenden einerseits, und andererseits den *Jelinek*schen liegenden den nötigen Nachdruck zu geben, schreibt er: „Nehmen wir an, wir hätten, wie oben angeführt, einen Verdampfapparat mit einer Flüssigkeitssäule von $1^1/_2$ m, was gar keine Seltenheit ist. Der Verdampfapparat wäre ein Röhrenverdampfer (System *Robert*)." — Demgegenüber ist zu sagen: Niemals und nirgends hat man, außer bei Beginn einer neuen Woche, für die man die Apparate gefüllt hatte, mit einer Saftsäule zu tun gehabt, wie sie *Jelinek* anführt, die von der Unterkante eines Heizkörpers bis zum Saftspiegel 1,5 m erreicht hätte. Das nennt man „Gespenster an die Wand malen", wenn man dampfdurchsetzten Saft als vollen Saft ausgibt und mit der Schwere dieses dichten Saftes alle Schrecken der Welt herausrechnet! (Wir werden dieses Thema bei der Besprechung der Rieselapparate noch einmal berühren müssen.)

Nun fragt es sich: sind diese dampfdurchsetzten Schichten der kochenden Flüssigkeit, die fortwährend wechselnden, immer neuen, ein Übelstand? Ganz gewiß nicht. Es wird vielmehr anzunehmen sein, daß die aufsteigenden Dampfblasen die Heizrohrwände mit dünnen Schichten von Flüssigkeit bestreichen und flott abdampfen. Daß dabei, auch nur zeitweilig, Stellen der Rohrflächen leer und ungenutzt bleiben, ist kaum anzunehmen.

ad. 3. Wenn sich jemals der Satz bewahrheitet hat, daß derjenige die meisten Gründe zu finden weiß, der etwas verteidigen möchte, mit dem er selbst nicht recht einverstanden ist, so ist das hier der Fall, wo *Jelinek* für die liegenden Heizrohrgruppen eintritt.

Er führt als Tatsache an, daß bei den alten Apparaten mit liegenden Rohren und ebenso bei den Apparaten mit stehenden Rohren — soll heißen bei allen Apparaten, in denen sämtliche Rohrwände nur mit einer Art Dampf von gleicher Temperatur beheizt werden — nicht wenig Dampf dadurch verloren gegangen sei, daß derselbe zum großen Teile direkt in das retour d'eau ausgetreten wäre. Aber was hat dieser Übelstand, wenn er wirklich dagewesen wäre, mit dem Prinzip liegender und stehender Rohre zu tun?

Es mag also sein, daß man früher, als man noch mit sehr gering gespannten Maschinenabdämpfen die ersten Körper einer Verdampfstation beschickte, den Weg durch die Heizkammer bis zum retour d'eau offen gehalten hat; es mag auch sein, daß zur Zeit das retour d'eau ein offenes Gefäß war, aus dem überschüssiger Dampf ins Freie entweichen konnte. Alles das hat sich aber gewiß sofort geändert, als man anfing mit Dampf von etwas erhöhter Spannung zu arbeiten, und als man sich von der früheren Anschauung abgewendet hatte, nach welcher der Maschinenabdampf als nutzlos und verloren, als wertloser Rest des Maschinentriebdampfes, galt. War es etwa diesen alten Körpern jemals unmöglich gemacht, sich mit einem Kondenswassersammler ausrüsten zu lassen, um den Heizdampf in die Heizkammer einzuschließen? Nein, *Jelinek* will nur mit solchen Behauptungen das System seiner Dampfführung durch verschiedene Rohrbündel, die der Dampf nacheinander durchströmt, schmackhaft machen, weil es sonst nichts taugt.

Bei den alten liegenden Apparaten wird der Heizdampf die Rohre mit etwa 0,05m Anfangsgeschwindigkeit durchströmen, so schreibt *Jelinek:*

„Mit anderen Worten: er wird nahezu stagnieren, und das Kondenswasser, welches sich beim Kochen bildet, wird höchst mangelhaft abgeführt und dadurch die Leistungsfähigkeit des Verdampfapparates außerordentlich erniedrigt. Die senkrecht stehenden Rohre der Verdampfapparate sind zwar leichter von Kondenswasser rein zu halten, weil selbe eben senkrecht stehen und das Kondensationswasser wegen der eigenen Schwere rasch herunterläuft, während das Kondensationswasser aus der oberen Hälfte der liegenden Rohre aus einleuchtendem Grunde schwieriger zu entfernen ist, aber die langsame Bewegung des Heizdampfes, noch dazu ungleichmäßig die Heizrohre bestreichend, bleibt dieselbe. — Das Kochen ist ein äußerst unregelmäßiges und findet hauptsächlich bei dieser Art Verdampfapparate ein heftiges stoßweises Kochen statt. — — Die Idee der Saftströmung durch die Rohre selbst ist eine verfehlte und rief eine Menge Verbesserungen hervor, als da sind: große Zirkulationsrohre, äußere Zirkulationszylinder, Schneckengänge und Querwände im inneren Heizraum usw. usw." So *Jelinek!*

Außerdem führt er noch gegen diese beiden Arten von Verdampfern (die alten liegenden und die stehenden) den Übelstand der Expansionsverluste an, wobei er die Behauptung aufstellt, der Heizdampf erleide beim Eintritt in die Kammern eine Dehnung, und mit dieser eine Temperaturerniedrigung.

Ehe wir zu den *Jelinek*schen Remedien schreiten, wollen wir uns seine Diagnostik etwas näher ansehen.

Es ist wahr, daß das Kondensationswasser aus dem Innern der liegenden Rohre, solange und wenn dieselben horizontal liegen, nur langsam abfließt und auch wohl ein wenig staut. Aber das ganz einfache Mittel dagegen, welches aller Welt bekannt ist und auch allgemein angewendet worden ist, ist eine kleine Neigung der Apparate, abfallend nach der Seite hin, wohin das Wasser, dem Dampfe folgend, fließen soll; auch ist es wahr, daß die bei der Kondensation sich bildenden Wassertröpfchen länger als erwünscht an der inneren Oberwand der Rohre haften, ehe sie soweit ausgewachsen sind, daß sie sich ablösen und wie die Tropfen an den beschlagenen Fensterscheiben herabrollen, damit sie sich an der tiefsten Stelle des Rohrinnern zusammenfinden; wenn also *Jelinek* unternimmt, diese in Tropfenbildung begriffenen Wasserteilchen durch große Heizdampfgeschwindigkeit abzustreichen oder abzublasen, so ist das gewiß ein ganz gutes und löbliches Tun, und es mag ihm auch bis zu einem gewissen Grade gelingen, so weit nämlich, als er die Adhäsion dieser Teilchen an der Rohrwand überwindet: er wird die ruhende Schicht in eine fließende verwandeln, aber diese zu beseitigen wird ihm nicht gelingen. Diese fließende Schicht wird dünner sein als die ruhende, und insofern mag er eine Besserung bringen. Wie weit diese von Einfluß ist, wird man wohl nicht ermitteln können. Jedenfalls wäre sie durch die Konstruktion der Apparate teuer erkauft!

Sein Heilmittel ist die Geschwindigkeit des Dampfstromes, die er dadurch erreicht, daß er den Heißdampf in ein Bündel von Röhren eintreten läßt, deren gemeinschaftlicher Querschnitt nur gerade reicht, um die Menge desselben mit einer gewissen Geschwindigkeit aufzunehmen. Die gewählte Geschwindigkeit ist die von 23 m pro Sekunde. Der Querschnitt eines jeden Rohres von 20 mm Weite ist ca. 0,0003 qm, die Länge derselben so gewählt, daß nur ein Teil des Heizdampfes, etwa die Hälfte, in ihnen kondensiert wird. Der Rest des Heizdampfes geht in ein zweites, neben dem ersteren liegendes, rückwärts gerichtetes Rohrbündel von entsprechend geringerer Rohrzahl. Hier wird wieder ein Teil des Dampfes niedergeschlagen, und das wiederholt sich noch einmal, bis im letzten kleinsten Bündel die gebundene Wärme des Dampfes gänzlich verbraucht ist und nun nur Wasser zum Ausfluß kommt. Wenn nun auch natürlich der Dampf auf seinem Wege durch je ein Rohrbündel eine Verminderung seines Quantums und infolgedessen auch seiner Geschwindigkeit erfahren muß, die im letzten Bündel sogar mit einer Bewegungslosigkeit abschließt, so muß man doch zugeben, daß durch die Gruppierung der Rohre im ganzen eine Lebhaftigkeit der Dampfbewegung hervorgerufen wird, die, wenigstens in je den ersten Rohrpartien, das anhaftende Wasser forttreibt. Aber was ist diese ganze Maßnahme? Doch nichts weiter, als ein Angehen gegen die Schwäche, die dem Systeme der liegenden Rohre nun einmal anhaftet! Und wäre es nicht viel richtiger und einfacher, der gesamten Heizfläche eines Verdampfers (den Abschluß durch einen Kondenstopf vorausgesetzt) die unverminderte Spannung und Temperatur des Heizdampfes zugute kommen zu lassen, wie man es früher tat, auch wenn - wie bei den stehenden Rohren - die dampfberührte Heizfläche mit feinsten Wasserteilchen mantelartig stets bedeckt sein sollte. Wenn *Jelinek* gegen die stehenden Rohre eifert: „Die Idee der Saftströmung durch die Rohre selbst ist eine verfehlte", so ist das eine recht windige Behauptung und ein Verkennen der Unvollkommenheiten seines eigenen Konstruktionsprinzipes. Eine verlustlose Verdampfung wird in keiner Form der Verdampfer zu finden sein. Nur die Gründe derselben können wechseln.

Der *Jelinek*sche Apparat ist bald nach seinem Erscheinen (1879) verbessert „um die Heizfläche noch intensiver auszunutzen und der kochenden

Flüssigkeit eine noch größere Verdampfungsoberfläche zu geben". Die Konstruktion von *Müller* hat Anklang gefunden bei denen, die im niedrigen Saftstande und in der breiten Abdampfungsfläche ihr Heil suchen. *Müller* schuf den Innen-Pfannen-Apparat, indem er die Saftschicht der Höhe nach teilte und in mehrere, noch niedrigere Schichten zerlegte. *Jelinek* hat das auch für seinen Apparat verwertet.

Aber alle diese Apparate mit liegenden saftumspülten Röhren leiden stark an einem großen Übel, dessen bis jetzt noch nicht gedacht ist: an der Verschmutzung und Bekrustung der oberen äußeren Rohrfläche, gerade da, wo man aus anderen Gründen die beste Verdampfung zu erwarten hätte. Wenn die Rohre von diesem Niederschlag aus den Säften, der in vielen Fällen steinhart und sehr schwer abzulösen ist, befreit werden sollen, müssen sie aus ihren Ringverpackungen, aus ihren Stopfbüchsen herausgezogen werden, wozu der Apparat geöffnet, also aus dem Betriebe ausgeschaltet werden muß. Es ist also ein besonderer Apparat nötig, der den einzelnen Apparaten der Reihe nach so lange als Ersatz dient, wie die Wiederinstandsetzung dauert. Also ein Reserveverdampfer wohl mittlerer Durchschnittsgröße.

Es ist interessant zu lesen, wie *Jelinek* sich und seine Leser über diese Fatalität hinwegsetzt; er baut goldene Brücken. Zuerst gibt er der errechneten Heizfläche eines jeden Körpers einen ,,Extrazuschlag auf Verkrustung", die sich gar nicht etwa in engen Schranken hält, und dann sagt er: ,,Sobald jedoch die Verkrustung stärker wird, die Menge der transmittierten Wärme sich vermindert und endlich verschwindet, kommt die Wärmemenge der unbedingt notwendigen Heizfläche zur Verminderung; der Betrieb muß eingestellt werden, um den Apparat zu reinigen."

Diese ungewünschten Variationen in der Nutzbarkeit der Heizflächen steigern sich zur Unerträglichkeit, wenn durch zeitweise Stillegung eines Körpers auch ein Systemwechsel eintritt, wenn z. B. eine Reihe von 3 Körpern in eine von 2 Körpern verwandelt werden muß. Dagegen gibt es aber ein gutes Mittel, eben den Reserveverdampfer. ,,Wäre es nicht besser, diese Reserveflächen in einen eigenen Verdampfkörper zu vereinigen? und einen solchen Reserveverdampfkörper neben dem tätigen Apparat aufzustellen, damit er sofort in Betrieb gesetzt wird, wenn die Verkrustung der Röhren störend zu werden beginnt? Warum haben wir Reservedampfkessel? Warum können wir nicht auch Reserveverdampfapparate haben? Es ist gar kein Grund vorhanden, der dies Nichtvorhandensein entschuldigen könnte. Ja, nicht einmal der Grund des Kostenpunktes." Wer so etwas liest, muß glauben, daß Österreich (oder vielleicht auch die ganze Zuckerwelt) zu *Jelineks* Zeiten auf flüssigem Golde herumgeschwommen sei; es sei deswegen daran erinnert, daß zur damaligen Zeit die österreichische Regierung einen eigentümlichen Steuermodus erfunden und eingeführt hatte: sie besteuerte im Einverständnis mit der Zuckerindustrie den Hohlraum der Diffuseure, die in Benutzung waren. Damit entstand natürlich ein großes Jagen nach kleinem Diffuseurinhalte, koste es was es wolle.

Seitens der Ingenieure und Maschinenfabriken wurde im Laufe weniger Jahre wahrhaft Erstaunliches und höchst Anerkennenswertes in der Behandlung der Diffusion und in der Bedienung derselben geleistet. Das Ziel war: möglichst viel Rüben durch eine geringe Zahl möglichst kleiner Diffuseure hindurch zu peitschen, und die Folge war: ein Kohlenverbrauch für die Bewältigung der dünnen Säfte, wie es ihn nie vorher gegeben hatte. Während die Diffuseure von Jahr zu Jahr kleiner wurden, wuchs die Verdampf- und Kesselstation ins Große hinaus und kostete ein Riesengeld. Um Steuern zu sparen, dem Staate ein Schnippchen zu schlagen, ein Näschen zu drehen, wurden Vermögen vergeudet, bis es nicht mehr ging. Einige Jahre und alle Herrlichkeit ging ins alte Eisen, wo zum Glück die alten Diffuseure noch lagen, die man wieder hervorholte. So viel Aufwand an Geld und Witz der Erfindung wurde der Vergessenheit preisgegeben! —

Mit der Reinigung der Rohre hängt noch eine weitere Frage zusammen: die Frage nach dem Platze. Um die Rohre aus den *Jelinek*schen Apparaten herausziehen zu können, ist es nötig, eine freie Fläche vor den Giebeln derselben, sei es nach hinten oder nach der Bedienungsseite vorn, frei zu halten. Das ist eine neue Beschwerde, denn solch ein Platz, der nur periodisch und nur für das Reinigen der Rohre da sein muß, ist gewiß sehr unrentabel und manchmal auch wohl schwer zu haben.

Angesichts dieses Übelstandes hat *Rassmus*[1] in seinem Pfannenapparate die Ausziehbarkeit der Rohre aufgegeben, damit aber auch seine Brauchbarkeit vernichtet. Wer die liegenden Rohre retten will, muß die Reinigungsmöglichkeit der Rohre mit ihrer ganzen Fülle umständlicher Arbeit mit in den Kauf nehmen! Was *Péclet* an den *Rillieux*schen Apparaten tadelt: die Unzugänglichkeit des Inneren zwecks Reinigung der Rohre ist in den *Jelinek*schen Verdampfern zwar tatsächlich gehoben, aber das Verfahren der Reinigung ist doch recht umständlich, platzraubend in der Anlage und teuer in der Handhabung. Etwaige Vorzüge, die diesen Mangel vergessen lassen könnten, werden aber gewiß nicht gefunden. Wie ungeeignet ist die Kofferform gegen den Außendruck der Atmosphäre im letzten Apparate!

Man ersieht es an den notwendig gewordenen Absteifungen und an den dicken Wandungen. Wie schlicht und einfach dagegen die Zylinderform des stehenden Verdampfers!

B. Die Verdampfer stehender Bauart und ihre Eigenschaften.

Die ersten stehenden Verdampfer, über die wir schon aus *Péclets* Berichten einiges erfahren haben, wurden von *Robert* im Jahre 1851 in seiner Zuckerfabrik (Seelowitz in Mähren) aufgestellt.

Nach *Rillieux*s Aussage berichtet *Rassmus*, daß *Rillieux* bereits einige Jahre früher die Konstruktion des stehenden Apparates angegeben und aufgezeichnet habe, und zwar gerade in bezug auf die Schwierigkeiten, die

---

[1] „Vorwärts". Beiträge zur rationellen Verbesserung der technischen Einrichtungen in Zuckerfabriken. Abteilung VI. Verdampfen und Verkochen. *Fr. Rassmus*, Magdeburg, Technisches Geschäft.

liegende Rohre durch die Ablagerungen aus den Säften der (europäischen) Rübenzuckerfabrikation zu erleiden haben würden. Das ist nicht unmöglich, aber von Ausführungen solcher Verdampfer durch *Rillieux* ist nichts bekannt geworden. Ob *Robert* der eigentliche Erfinder war oder ob er den Gedanken irgendwo aufgenommen hat und ausführen ließ, ist wegen Mangel an Zeugen nicht mehr zu entscheiden; jedenfalls war er der Mann, der die Vorzüge dieses Systems erkannte und seiner Überzeugung folgend den Mut hatte, ein Stück Geld zu riskieren. Seine Mühen und Sorgen haben ihren Lohn gebracht, wie auch später bei der Erfindung der Diffusion. Er war ein Pfadfinder.

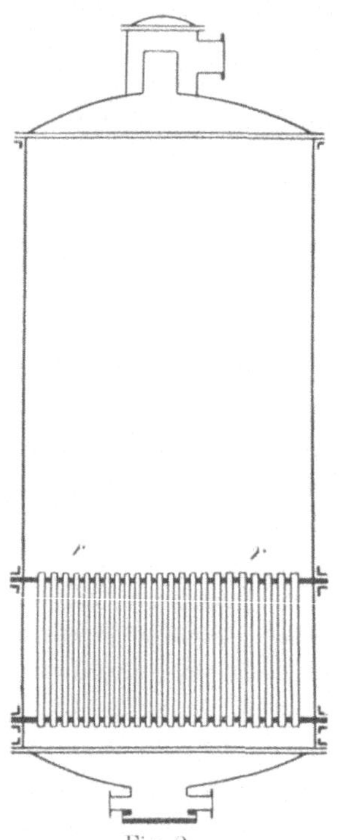

Fig. 2.

Die *Robert*schen Apparate stellen zylindrische stehende oben und unten geschlossene Gefäße vor, in denen der Höhe nach durch 2 eingeschobene Platten 3 Abteile gebildet werden. Durch die beiden Platten wurden Rohre gezogen, welche eingedichtet wurden, nicht anders, als die horizontalen Rohre der *Rillieux*schen Apparate in ihren vertikalen Wänden. Die Abteile unterhalb und oberhalb der Platten, welch letztere „Rohrböden" genannt werden, wurden durch das Innere der Rohre r hindurch miteinander verbunden und bildeten demnach einen gemeinsamen Raum („Saftraum"), der zur Aufnahme der abzudampfenden Flüssigkeit (hier des Rübensaftes) diente; in den mittleren Abteil („Dampfkammer") trat der Heizdampf, der im Gegensatz zu der Bauart *Rillieux* die eingesetzten Rohre umspülte, während die Säfte das Innere der Rohre und den unteren Raum füllten. Diese Grundform ist geblieben. Das im Mittelteile sich bildende Kondenswasser wurde möglichst tief am Boden, meistens seitlich, oder am besten an mehreren Stellen des unteren Rohrbodens selbst, abgeführt; Ein- und Ausgang der Säfte befanden sich im unteren Abteil, der Eingang wohl auch im oberen, und der aus den kochenden Säften entstandene Dampf, Flüssigkeits- oder Saftdampf, nahm seinen Weg durch einen Stutzen im Deckel des Apparates.

Natürlich hatte auch dieser Apparat seine Mängel, die aber alle leicht — sobald sie nur erkannt waren — beseitigt wurden. Zuerst wohl ersah man, daß die abzudampfende Flüssigkeit zu zirkulieren keine Gelegenheit hatte. Man hatte andererseits vielfach erfahren, daß ein flotter Wechsel der Flüssigkeitsteilchen an den Wandungen der Heizrohre die Verdampfung günstig beeinflußte, und so war man auch hier bemüht, das Beste zu finden.

Sehr zaghaft, wohl in der Sorge, Heizfläche einzubüßen, zog man an Stelle einiger Heizrohre andere um etwas weitere ein, und glaubte, daß in diesen die in den Heizrohren aufgestiegene Flüssigkeit ihren Weg nach unten finden sollte. Das geschah nicht, denn diese Rohre unterschieden sich zu wenig von den Heizrohren selbst; der Unterschied im Durchmesser war nicht von einem derartigen Einfluß, daß er den Auftrieb in ihnen hätte verhindern können. Man erweiterte also diese Rohre und machte aus der Summe ihrer Querschnitte ein Zentralrohr (*Kasalovsky*) von der Weite, daß der Flüssigkeitskern in diesem von der Innenwand unbeeinflußt (unbeheizt) blieb, und die Flüssigkeit als schwererer blasenloser, gewissermaßen massiver Teil nach unten abzog und sich unterhalb der Rohrkammer verteilte (Fig. 2a). Man hängte sogar (*Walkhoff*) in dieses Zentralrohr (Zirkulationsrohr) einen Blechzylinder ein und schied damit streng die an der Innenwand des Zentralrohres aufsteigende Schicht von der mittleren abfallenden.

So wurde die Zirkulation des ganzen kochenden Inhaltes herbeigeführt, und mit diesem lebhafteren Umlauf der Flüssigkeit der bessere Austausch der Wärme zwischen Dampf und Flüssigkeit

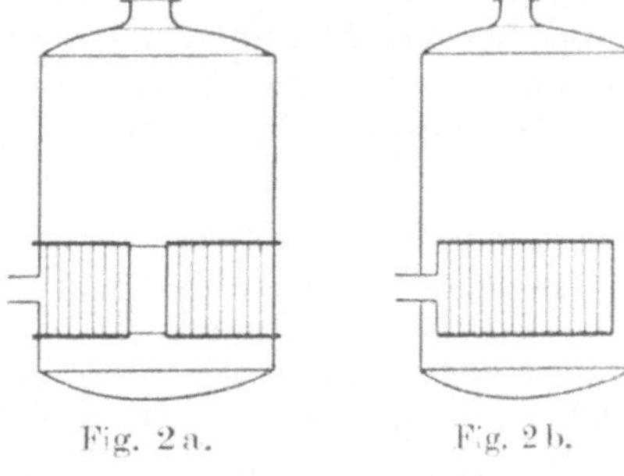

Fig. 2a.   Fig. 2b.

erreicht. Zugleich stellte sich eine gleichmäßigere Temperatur innerhalb der ganzen Masse, eine gleichartige Verdampfung und eine gleiche Dichte in allen Teilchen der Flüssigkeit ein.

Auch in anderer Form erschien derselbe Gedanke ausgeführt: statt eines Rohres in der Achse des Apparates erschien ein Zirkulationsring, indem zwischen einer freischwebenden Heizkammer und dem Gehäuse (der Zarge) des Apparates ein Raum freigelassen wurde, in welchem die Flüssigkeit ihren Abweg nach unten vollzog (Fig. 2b). Diese Konstruktion ist von *Riedel* im Jahre 1877 erfunden und wurde und wird auch hauptsächlich von der Halleschen Maschinenfabrik und Eisengießerei vertreten. Auch auf die Kochapparate ist sie übertragen, und mit Erfolg.

Es ist bezeichnend, daß diese und andere sehr beachtenswerte Verbesserungen von *Jelinek* in Summa als „Palliativmittel" bezeichnet werden, um glauben zu machen, wie wenig geeignet sie sind, aus dem „verfehlten" stehenden

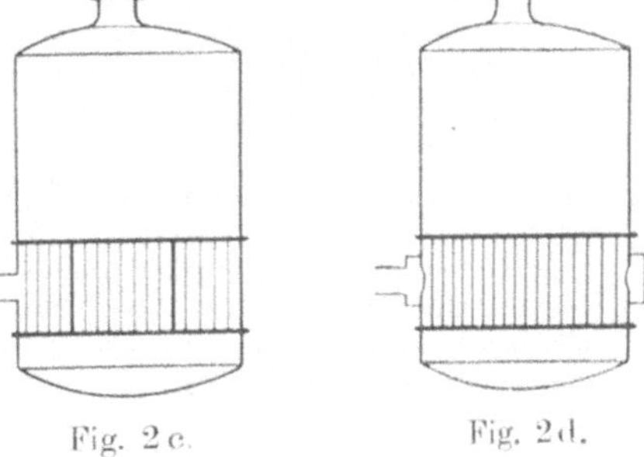

Fig. 2c.   Fig. 2d.

Apparate ein wirklich taugliches Ding werden zu lassen.

Freilich ist zuzugeben, daß auch manches Unnütze und Überflüssige zutage gebracht wurde; aber immerhin waren es keineswegs unvernünftige, sondern solche Einrichtungen, die den jedesmaligen Anschauungen über die beste Verdampfungsmethode entsprachen und zur Erkenntnis des Besseren beigetragen haben. Durch anderes überholt oder als unwesentliches Beiwerk erkannt, sind sie gern wieder aufgegeben, weil sie mehr oder weniger umständlich und teuer waren. Dahin gehören z. B. Blecheinsätze, die innerhalb der Heizkammer den Dampfstrom in einer gezackten Spirale zwischen den Heizröhren nach der Mitte zu leiten sollten (Fig. 2c); und ferner ein Ring um den Körper herumgeführt, aus welchem der Dampf von allen Seiten durch Löcher in der Gefäßwand in die Rohrkammer eindrang (Fig. 2d). Und noch manches Stück ähnlichen Wertes — wir finden davon noch dieses und jenes — mag gekommen und gegangen sein, ohne sichtbare Spuren zu hinterlassen. Und doch war nicht alles vergebliche Arbeit: Es ist Geschichte!

Auch die Armaturen wurden reicher. Sicher und leicht arbeitende Apparate zum Abziehen des Kondenswassers und zum Entfernen der Luft und der Gase aus den Heizkammern, ebenso Vorrichtungen zum Entnehmen des Dicksaftes (der nach Wunsch eingedickten Flüssigkeit) aus dem letzten Körper der Verdampfstation und ähnliches anderes haben der Verdampfung im allgemeinen und dem *Robert*schen Körper im besonderen große Vorteile gebracht durch Erleichterung und Übersichtlichkeit des Betriebes.

Vergessen wir auch nicht — wenn auch etwas vorgreifend — des Heizdampf-Einlaßreglers der Firma *Schneider & Helmecke* in Magdeburg, der die richtige Verwendung des direkten Dampfes für die Verdampfung resp. Vorverdampfung erst möglich gemacht hat.

C. Die Rieselapparate.[1]

Wir haben schon bei Besprechung der *Jelinek*schen Apparate einen Satz *Jelineks* angeführt und haben auf dieses Kapitel „Die Rieselapparate" verwiesen. Jener Satz heißt vollständig:

„Wenn wir den nachteiligen Folgen einer hohen Saftsäule weiter nachforschen, so werden wir finden, daß die mittlere Leistungsfähigkeit der Heizfläche eine bedeutend geringere wird, und zwar um so geringer, je höher die Saftsäule ist.

Nehmen wir an, wir hätten, wie oben angeführt, einen Verdampfapparat mit einer Flüssigkeitssäule von 1,5 m, was gar keine Seltenheit ist. Der Verdampfapparat wäre ein Röhrenverdampfkörper (System *Robert*). 1,5 m Saftsäule, bloß Wasserdichtigkeit vorausgesetzt, üben auf die untersten Schichten der kochenden Flüssigkeit einen Mehrdruck von 0,148 Atm. aus. Gesetzt den Fall, der Vakuummeter zeige im 1. Körper eines Double-effet eine Luftleere von 380 mm an, so repräsentiert dieses einen Druck von 380 mm Quecksilber oder 0,5 Atm. absolut. Die Oberfläche der in diesem Verdampfapparate siedenden Flüssigkeit wird bei einer Temperatur von ca. 82° C sieden, während die unterste Schicht erst bei einem Drucke von 0,5 + 0,148 = 0,648 Atm. oder bei 88° C sieden kann. Da die Heizfläche bei einem *Robert*schen Verdampfapparat gleichmäßig in einem Zylinder verteilt ist, so wird die mittlere Siedetemperatur ca. 85° sein.

Nehmen wir an, wir hätten einen anderen Verdampfapparat, der eine Flüssigkeitssäule von 0,5 m hat, so siedet die Flüssigkeit unter gleichen Verhältnissen der Luftleere ebenfalls bei 82° C an der Oberfläche, während der tiefste Punkt, der einen Druck von 0,5 + 0,05 = 0,55 Atm. erleidet, erst bei 84° sieden kann; die mittlere Siedetemperatur beträgt demnach 83° C.

Vergleichen wir dieses Resultat mit dem vorhergehenden, so finden wir eine Dif-

---

[1] Siehe u. a.: Generalversammlung des Vereins für die Rübenzuckerindustrie des Deutschen Reiches am 24. u. 25. Mai 1892. Punkt 6 der Tagesordnung: Über das System der Riesel-Verdampfapparate.

ferenz von 2° C zu Ungunsten des Verdampfapparates mit hoher Saftsäule. Da jedoch die Leistungsfähigkeit zweier Verdampfapparate bei gleicher Heizfläche im geraden Verhältnisse steht mit der Temperaturdifferenz zwischen Heizdampf und kochender Flüssigkeit, so ist einleuchtend, daß der Verdampfapparat mit 1,5 m hoher Saftsäule gegen den Verdampfapparat mit 0,5 m hoher Saftsäule um 2° C nachsteht, was bei einer Temperaturdifferenz von ca. 20° C, wie selbe gewöhnlich in den Verdampfkörpern eines Double-effet herrschte, ca. 10% ausmacht, d. h. der Verdampfkörper mit der 1,5 m hohen Saftsäule muß eine 10% größere Heizfläche haben, um gleiches zu leisten wie der Verdampfkörper mit 0,5 m hoher Saftsäule."

Wie dieser *Jelinek*sche Satz auch nur eine Minute lang unwidersprochen bleiben konnte — und nicht nur das; nein, wie er für einige Jahre zum Dogma erhoben werden konnte, zu dessen Gläubigen sich auch der Verfasser für kurze Zeit gesellte — das ist jetzt eigentlich unbegreiflich.

Diese von *Jelinek* zur Bevorzugung seiner Verdampfer mit 0,5 m hoher Saftsäule erfundene „1,5 m hohe Saftsäule" der anderen Apparate (System *Robert*) wurde ein Schrecken für alle Apparatbauer, und man trachtete von da an danach, die Last der Saftsäule los zu werden, und nicht nur die von 1,5 m Höhe, auch die von 0,5 m sollte ausfallen, denn man wollte ganze Arbeit verrichten! Also man rieselte, d. h. man träufelte die abzudampfende Flüssigkeit auf die freien Heizflächen der Rohre, und dampfte ab ohne jeden Verlust an Temperatur, welcher durch den Druck irgendeiner mehr oder weniger hohen Saftsäule hätte hervorgerufen werden müssen.

Das war an sich ein durchaus vernünftiger Gedanke, auch für den Fall, daß die *Jelinek*schen Darlegungen nicht in solche Übertreibungen ausgeartet wären. Was aber schließlich an dem neuen Streben teils komisch, teils widerlich wurde, das war sowohl die Tappsigkeit, mit der jeder Berufene und Unberufene drauflos konstruierte, als auch die Reklame, mit der die Erfindung — man glaubte eben, wunder was Wichtiges, von aller Not Befreiendes erfunden zu haben — von mancher Seite in die Welt hinaus posaunt wurde.

Und warum gelang es damals nicht, dieses ganz richtige Prinzip in eine brauchbare Form zu bringen? Weil sich jeder aus Gründen der Sparsamkeit an die vorhandenen kurzen Rohre der *Robert*-Apparate klammerte, statt neue Apparate mit langen Röhren zu versuchen, an denen auf längeren Wegen und vielleicht sogar auf künstlich geschaffenen Umwegen der Saft für längere Zeit hätte verweilen müssen. Der einzige sich hindurchringende Apparat war der *Schwager*sche mit außen berieselten längeren Rohren, deren Außenberieselung für die Zuckerindustrie jedoch wieder nicht zu gebrauchen war.

Aber gewiß, das alles hatte seine Bedenken und hätte Geld gekostet, und das hatten die Erfinder nicht, und da es nicht gelingen wollte, für den kurzen Lauf auf den *Robert*schen Rohren eine entsprechend dünne Flüssigkeitshaut zu formen, so blieb die Sache unerfüllt liegen. Daß lange Rohre dem Übelstande wirklich Abhilfe gebracht hätten, ersieht man aus dem Weiterleben des eben genannten *Schwager*schen Rieselapparates, der höher gebaut in mehreren Ausführungen erschien.

Nachdem sich die Hochflut der Rieselbegeisterung bereits verlaufen hatte, erschien Dr. *Claassen* mit dem Verfahren des „Rieselns von unten", was darin besteht, daß man die Apparate *Robert*scher Bauart — daß man diese, wo sie einmal da waren, unbeanstandet benutzen kann, war von vornherein ein Vorteil — nur soweit mit Flüssigkeit füllt, als es nötig ist, um beim Kochen der Flüssigkeit den von Flüssigkeit freien oberen Teil der Rohre zu benetzen. Während des Kochens nehmen die entstehenden Blasen Teilchen von Flüssigkeit mit hinauf, andere Teilchen werden durch die kleinen Explosionen beim Springen der Blasen in die Höhe geworfen und fallen zurück; alle finden Platz am Innern der Rohre oder auf dem leeren Rohrboden, und so stellt sich die gewünschte feine Rieselschicht der Flüssigkeit von selbst her. Die günstigsten Verhältnisse für diese Methode der Berieselung lassen sich aus dem Erfolge ersehen.

Die älteren Herren der Zuckerindustrie, die sich noch der Verdampfung à double-effet, also der Verdampfung mit großem Einzel-Temperaturgefälle, erinnern, sagen wohl: „Das haben wir immer so und nicht anders gemacht." Und man mag gern beistimmen, daß das damalige heftige Kochen nichts anderes war, als das Rieseln von unten; und ein plötzliches Unterbrechen des Kochens, ein plötzliches Eingehen der Blasen, würde gezeigt haben, daß der Stand des Saftes viel tiefer war, als man annahm; aber er war vielleicht immer noch höher als nötig, und höher als *Claassen* ihn haben will[1].

Man — *Claassen* nennt die Namen *Dombasle* und *Dureau* — hatte sogar auch schon viel früher die volle Erkenntnis des Vorteiles der niedrigen Saftsäule, aber das war wohl nur das Wissen Weniger[2]. Und man hatte kein Maß, es war ein Tasten. Unter allen Umständen bleibt *Claassen* das Verdienst, das Kochen bei niedrigem Saftstande, wenn auch nicht erfunden, so doch zur Methode ausgebildet zu haben.

Schon früher wurden zwei Rieselsysteme bekannt, der *Lillie*sche und der *Yargan*sche Rieselapparat. Beide waren amerikanischen Ursprungs und für die Verdampfung unserer weniger reinen Rübensäfte untauglich. Der Letztere, der *Yargan*-Apparat, wurde uns von der Firma *Zickerick*-Wolfenbüttel (Dir.: *Schnackenberg*) in der Zuckerfabrik Nörten (Dir. Dr. *Sickel*) während der Kampagne 1887/88 vorgeführt.

Für die Kampagne 1906/07 wurde ein neuer Apparat, der *Kestner*-Apparat, in der Zuckerfabrik Niezychowo (Dir. *G. Gropp*) beschafft, welcher schon bei seinem ersten Debüt große Anerkennung fand. Aus den An-

---

[1] Dr. *H. Claassen:* Über Verdampfung und Verdampfungsversuche. Zeitschr. d. Vereins usw. 1893, Märzheft.

[2] Ein Brief an den Verfasser enthält folgende Stelle: „... Also kurz, in der Zuckerfabrik zu Barzdorf habe ich schon in der Kampagne 1875/76 mit niedriger Saftsäule in den Verdampfapparaten gearbeitet, dies (vorher) weder gelesen noch von anderer Seite gehört. Ich hatte damals keinen Gedanken daran, daß dies zu Schreibereien usw. Anlaß geben könnte, sonst hätte ich es gleich veröffentlicht." Gez. *Th. Bode.* Veranlassung zu dieser Mitteilung war *Claassens* „Über die Erhöhung der Leistungsfähigkeit stehender Verdampfapparate". Herr *Bode* war damals Leiter der Zuckerfabrik in Gorinchem (Holland). Der Brief datiert vom 11. Okt. 1896.

gaben des Herrn *Gropp* errechneten sich als Wärmetransmissionskoeffizient $\sim$ 93 WE[1]. Die folgende Praxis hat etwa 0,6 dieser Zahl ergeben.

Der Kestner-Apparat

ist ein Von-unten-Rieseler, ist also dem *Claassen*schen verwandt, aber auch nur ganz allein darin, daß er wie jener die abzudampfende Flüssigkeit von unten her zugeführt erhält, welche hier wie da in niedrigster Schicht, d. h. unter möglichster Vermeidung einer Flüssigkeitslast, kocht. Von da an zeigt jeder der beiden Apparate deutlich seine Eigenart, und es ist interessant und wichtig, die unterschiedlichen Merkmale hervorzuheben und festzuhalten[2]. *Claassen* hat sich, wie bereits beschrieben, auf die Benutzung der *Robert*-Apparate mit ihren kurzen Rohren von meist 1200 bis 1300 mm Länge gewissermaßen festgelegt und hat an weiteres nicht gedacht, hat es auch nicht beabsichtigt, aus derselben Scheu seiner Vorgänger, etwas gründlich Neues herauszuholen. Beim Rieseln nach *Claassen* begegnen sich zwei Saftströmungen: im unteren Teile der Rohre kocht die Flüssigkeit und hebt eine gewisse Menge derselben nach oben, von wo sie an den Heizwänden zum Teil abdampfend wieder herunter fließt und in die Flüssigkeit zurückkehrt. Der *Claassen*-Apparat setzt also Rohrweiten voraus, in denen beide Bewegungen ungestört nebeneinander bestehen können.

Gerade das Gegenteil im *Kestner*-Apparate: Die Rohre müssen eng genug sein, um solch ein Nebeneinander gleichzeitig entgegengesetzter Strömungen zu verhindern. Der aus der Flüssigkeit entwickelte Dampf läßt nichts von den beim Kochen gehobenen, aus der Flüssigkeit abgetrennten Teilchen wieder nach unten kommen, er treibt sie nach oben und schiebt sie vor sich her auf der Fläche der überhöhten Rohre, auf der eine weitere heftigere Verdampfung stattfindet. Das richtige Maß für die Höhe der Rohre ist Erfahrungssache. Die gewöhnliche Höhe ist 7 m.

---

[1] Der Heizdampf hat 135° C. Die Heizfläche beträgt 125 qm. Es treten ein pro Minute: 400 l Saft von 14° Brix $=$ 423 kg Saft, welche von 124° auf 127° angewärmt werden müssen. Es verdampfen 177 kg Wasser unter 127° C.

Wärme-Umsatz:

a) Anwärmung von 423 kg Saft um $127 - 124 = 3°$; $423 . 3 = 1\,269$ WE
b) Abdampfung von 177 kg Wasser bei 127°; $177 (607 - 0{,}7 . 127) = 91\,686$ WE

$$\text{zusammen} = 92\,955 \text{ WE}$$

$$\text{Daraus Transmissionskoeffizient} - \frac{92\,955}{125 \cdot (135 - 127)} = \frac{92\,955}{1000} = 92{,}955 \text{ WE.}$$

[2] Eine völlige Verständnislosigkeit für die eigenartigen Vorgänge im *Kestner*-Apparate hatte zu einer Nichtigkeitsklage gegen das *Kestner*sche Patent geführt, zu welcher sich Die Deutsche Zuckerindustrie, vertreten durch ihren Angestellten, Herrn *Schwager*, und die Metallwerke *Aders*, Magdeburg-N., als Kläger zusammengefunden hatten. Es war erstaunlich, welche Summe von Mißverstehen während dieser Verhandlung von allen Seiten zusammengetragen wurde, sogar der Island-Geiser wurde als Vorgänger des *Kestner*-Apparates vorgeführt — nur schade, daß sein Erfinder, der Weltengestalter, seinerzeit ihn patentieren zu lassen verabsäumt hatte

Die Nichtigkeitsabteilung des Kaiserlichen Patentamtes faßte den Beschluß, daß das Patent *Kestner* Nr. 177 403 zu streichen sei, um freilich bald darauf vom Reichsgerichte wieder zum Leben erweckt zu werden. Solches geschehen im Frühjahre 1908.

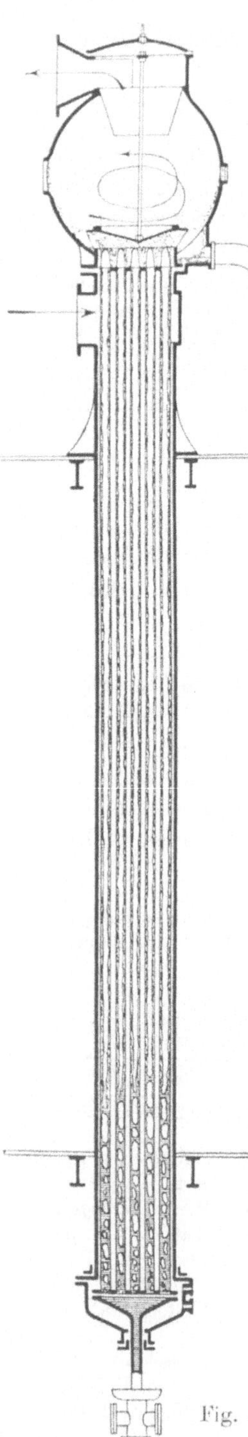

Fig. 4.

Das Charakteristische für die beiden Systeme ist also die Verschiedenheit der Wege, welchen die abgelösten Flüssigkeitsteilchen einschlagen: Beim *Kestner-*Apparat findet die Rückkehr von Teilchen, wie sie der *Claassen-*Apparat zeigt, nicht statt.

Man hat der *Kestner*schen Rieselmethode den Vorwurf gemacht, daß die abzudampfende Flüssigkeit in jedem Körper auf die ganze Höhe der Rohre gehoben werden müsse, was einen Aufwand an Kraft bedeute. Wie wenn nicht bei *Claassen* und bei jedem anderen Rieseler ganz dasselbe geleistet werden müßte — allerdings mutatis mutandis! Was bei *Kestner* in einem Flusse geschieht, wird bei *Claassen* in soundso vielen Teilstrecken vollzogen: in allen Fällen wird die Flüssigkeit so lange oder so oft oder in so vielen Rohren gehoben, bis eine gewisse Menge davon durch Verdampfung abgestoßen ist. Diese Hebearbeit, soweit sie Nutzarbeit ist, ist in jeder Form dieselbe!

Aber es könnte wohl ein Unterschied in der Größe der verlorenen Arbeit liegen, und dem ist wirklich so: die verlorene Arbeit bei *Kestner* besteht darin, daß die Flüssigkeit in ihrer Bewegung nach oben noch eine Beschleunigung erfahren muß, damit sie nach Verlassen der oberen Rohrmündungen gegen eine Prellplatte stoßen kann, an der die Scheidung des tropfbar Flüssigen von dem Dampfe vollzogen und vollendet wird; und daß ferner der treibende Dampf, da er für die steigende Flüssigkeit einen direkten Angriff, wie etwa einen ringförmigen Pumpenkolben, nicht finden kann, dieselbe durch Reibung erfassen muß, wobei er auch die Adhäsion der Flüssigkeit an der Wandung der Rohre zu überwinden hat. Das sind gewiß Momente, die für *Kestner* ungünstig sind. Und bei *Claassen*? Da werden viele Teile der Flüssigkeit soundso oft mal gehoben, ohne daß sie mit der Heizwand in nahe Berührung kommen; ein Teil fällt im Rohre selbst frei wieder zurück, ein anderer verdickt nur die an der Heizwand herabrieselnde Schicht so, daß er von der Wärme der Heizwand nicht viel profitiert. Auch hier also manche vergebliche Arbeit!

Wir wissen es längst, daß es eine Arbeit ohne solche Beigabe an Nebenleistungen nicht gibt; wir wissen in diesem Falle auch nicht, auf welcher Seite das Plus oder Minus liegt, und werden das auch nicht

erfahren. Den Unterschied feststellen zu wollen, wird vergebliche Mühe sein.
Wir können uns damit zufrieden geben, auf beiden Seiten gleiche Notwendig-
keiten, den Auftrieb der abzudampfenden Flüssigkeit, konstatiert zu haben.
Der Wärmeaufwand für diese Arbeit — so oder so — ist im Vergleich zu
dem für die Verdampfung selbst so verschwindend klein, daß wir alles Streiten
um Differenzen mit gutem Gewissen unterlassen können.

Es möge noch hinzugefügt werden, daß ein Messen der Spannungs-
differenzen oder des Dampfverbrauches selbst in den beiden Systemen insofern unmöglich zum Ziele führen kann, weil der Dampfverbrauch für das
Heben der Flüssigkeiten nur im gleichzeitigen Zusammenwirken mit demjenigen kontrolliert werden könnte, welcher die Dampfbewegung aus dem
Verdampfungsraume des einen Körpers in die Heizkammer des folgenden
bewirkt und auch auf dem Wege dahin manches Hindernis zu überwinden
findet, worüber zu sprechen später noch Gelegenheit gegeben sein wird.

Wir finden im Systeme der *Kestner*schen Rieselmethode noch etwas
Neues, Wertvolles.

Da ist bei der *Claassen*schen Methode, oder eigentlich bei der Benutzung
des *Robert*schen Verdampfers zum Rieseln, ein Nachteil, den man bei *Kestner*
nicht findet: der, daß ein gewisser Flüssigkeitsvorrat zu lange heiß gehalten
wird, ohne der Abdampfung zugeführt zu werden. Das dauernde Zufließen
abzudampfender Flüssigkeit, das teilweise Abdampfen und das Ausgehen
der konzentrierteren Flüssigkeit läßt es gar nicht anders zu, als daß immer
ein Teil alten Materials vorhanden bleibt. (Im ununterbrochenen derartigen
Betriebe wird dieser alte Bestand zu einem konstanten Minimum, kann aber
niemals zu Null werden.) Die Säfte der Zuckerindustrie, und auch andere,
leiden bald genug unter hoher Temperatur durch vielseitige Umwandlung,
deren äußeres Zeichen die Bräunung ist.

Der *Kestner*-Apparat kennt keine Vorräte und also auch so zu sagen
keine eigentlichen Reste. Die zu konzentrierende Flüssigkeit zieht so unmittelbar über alle Verdampfflächen hinweg, daß von irgendwelcher Schädigung
derselben keine Rede ist. Freilich kann es aber wohl vorkommen, daß die
ganze Verdampfung wegen Mangel an Vorrat von Säften Pausen erleiden
muß, abreißt; aber das bedeutet keinen Wärmeverlust!

Wir haben demnach im *Kestner*-Apparate

a) ein Fließen aller Flüssigkeitsteilchen zugleich, so daß ein unnützes
 Verweilen unter hoher Temperatur ausgeschlossen ist.

Damit im Zusammenhange steht die Eigentümlichkeit, daß

b) eine wesentlich höhere Temperatur zur Anwendung kommen darf,
 als in irgendeinem anderen Apparate, der dieses Fließen nicht hat.

So kann das Gesamttemperaturgefälle vergrößert werden, und zwar um
viel mehr, als es durch Verrichtung der kleinen Hebearbeit geschädigt wurde.

Es wäre nicht nur möglich, sondern ist schon geschehen, Zuckersäfte
bei Anwendung höherer Temperaturen in einer Folge von Verdampfern
bis zur Konsistenz der Füllmasse einzudicken — ohne Luftverdünnung.
Es schlummert darin die Hoffnung, daß wir in der Zuckerindustrie noch

zu einfacheren Verhältnissen kommen können, wobei uns die Tatsache unterstützen würde, daß die Erschwerung des Abdampfens und Verkochens, die Schwerflüssigkeit und Klebrigkeit der Zuckersäfte, mit der wachsenden Temperatur zurückgeht — ein Zukunftsbild! (Siehe letztes Kapitel: Rückblicke und Ausblicke.) Auch von der Konstruktion der Apparate soll gesprochen werden und von der Zugänglichkeit der Teile. Es wird gesagt sein müssen, daß der *Robert*sche Apparat der einfachste ist, der sich denken läßt. Er hat zwei festsitzende oder in einer Kammer zusammengehaltene Rohrböden, was bei der Kürze der in beide Böden eingewalzten Rohre wohl noch erträglich ist; der *Kestner*sche Apparat dagegen hat nur einen festen Rohrboden, der andere (untere) ist in starrer Verbindung mit dem Safteingangstutzen, wegen der größeren Längung der Heizrohre beim Heißwerden, in einer Stopfbüchse, die das Safteingangsrohr umschließt, verschiebbar, nicht anders wie bei gewissen Kalorisatoren der Diffusionsbatterie. Das macht den *Kestner* natürlich etwas komplizierter, aber die Rohre sitzen in ihren Böden auch fester und dichter!

Bei einer gründlichen mechanischen Reinigung, die bei den *Kestner*-Apparaten nur selten nötig wird, muß der untere Teil des Apparates geöffnet und das Gegenstück des unteren Rohrbodens (der Safteingangstutzen) abgenommen werden. Diese Unbequemlichkeit wird gelohnt durch die Freilegung aller in Frage kommenden Teile, wobei kein Eckchen unbesehen zu bleiben braucht.

Und zuletzt noch die Frage nach den Preisen. Es ergibt sich leicht, daß der *Robert*sche Apparat — gleiche Heizflächen vorausgesetzt — 4,3 mal mehr Rohrstücke hat als der *Kestner*sche (1,25 m × 52 mm Durchmesser gegen 7,00 m × 40 mm Durchmesser), die nutzbare Rohrbodenfläche ist also beim ersteren angesichts der Rohrdurchmesser 6 mal, und der Rohrbodendurchmesser noch 2,45 mal größer als beim *Kestner*. Da die Rohrböden sowohl im Material, als in der Bearbeitung maßgebend für die Preise des Ganzen sind, so wird der *Kestner*-Apparat trotz Hinzutat mancher Sonderteile und trotz berechtigter Erfinderprämie der billigere sein. Auch darf nicht vergessen werden, daß der Raum in einer Fabrik Geld kostet, daß also eine Raumersparnis ein Gewinn ist, und oft genug ein recht großer.

Wir ersehen also beim *Kestner*-Apparat gegenüber dem *Robert*schen
c) geringere Anschaffungskosten und geringeren Raumbedarf.

Es könnte wohl in dieser Frage das richtige sein, vorhandene *Robert*sche Verdampfer durch die *Claassen*sche Rieselmethode so gut und so lange als möglich zu nutzen; bei Neubeschaffungen und Erweiterungen zur Vergrößerung oder Verfeinerung des Systems jedoch den *Kestner*schen Apparat zu bevorzugen.

Immer mal wieder tauchen noch Konstruktionen auf, welche irgendwelche Vorteile versprechen. Es will uns aber scheinen, wie wenn mit der Verminderung der Flüssigkeitssäule bis auf einen unscheinbaren Rest und der Ausschaltung der Flüssigkeitsvorräte alles das beseitigt wäre, was die Verdampfung bis dahin noch als Ballast mit sich führen mußte.

Vieles von dem, was hier gesagt werden mußte, wird erst durch später Gelesenes verständlich werden.

II. Physikalisches Handwerkszeug.

Wärme — Wasser — Dampf.

1. Das Maß für die Wärme ist die Wärmeeinheit oder Calorie. Man versteht unter Wärmeeinheit oder Calorie diejenige Wärmemenge, die einem Kilogramm reinen Wassers zuzuführen oder abzunehmen ist, wenn seine Temperatur um $1°$ C erhöht oder erniedrigt werden soll.

Wir bezeichnen diese Wärmeeinheit (oder Calorie) mit WE (oder C). Das so definierte Maß für die Wärmeeinheit ist entstanden aus dem früheren Glauben, daß bei Änderung der Temperatur des Wassers um je $1°$ die gleiche Menge Wärme in Betracht komme, gleichviel, bei welcher Temperatur sich diese Veränderung vollzieht. Aber schon *Regnault* hat in sorgsamen Experimenten erwiesen, daß diese Annahme nicht richtig ist, daß vielmehr bei gleichmäßiger Wärmezufuhr die Temperatursteigerung des Wassers um ein Weniges zurückbleibt, daß also — umgekehrt — eine gleichmäßige Steigerung der Temperatur einen kleinen Mehraufwand an Wärme bedingt. Dieser ist aber so gering, daß er in den Grenzen, innerhalb welcher wir uns bewegen und zu beschäftigen haben, durchaus vernachlässigt werden darf. Wir bleiben also — trotz besseren Wissens — bei der Einfachheit und Übersichtlihkeit der früheren Anschauung, daß n einem Kilogramm Wasser zugeführte WE die Temperatur desselben in jeder Temperaturlage um $n°$ steigern.

2. Während feinste Teilchen Wasser sich bei jeder Temperatur von der Oberfläche ablösen (sogar vom Quecksilber ist diese Erscheinung bekannt), tritt doch erst bei $100°$ C ein Zustand ein, den wir das Kochen des Wassers nennen, bei dem der enge Zusammenschluß der Moleküle aufgehoben wird, vorausgesetzt. daß der Druck, der auf diesem Wasser liegt, der Quecksilbersäule von 760 mm gleich ist.

Ist der Druck geringer — wenn in geschlossenen Gefäßen die Luft und der entstehende Dampf abgesogen werden —, so tritt das Kochen schon bei niedrigerer Temperatur ein; ist er stärker — z. B. an tiefer im Gefäßinhalte belegener Heizfläche, auf welcher Wasser lastet, oder in geschlossenen Gefäßen, die nur einen für die Menge des erzeugten Dampfes ungenügenden oder absichtlich ungenügend gemachten Ausgang haben (Dampfkessel) —, so ist eine höhere Temperatur erforderlich.

Auch die äußere Beschaffenheit der Gefäßwände, resp. der Heizwände, von denen oder durch welche die Wärme in das Wasser übertragen wird, ebenso das Material derselben, ob Metall verschiedener Art, Glas, Ton usw., üben einen Einfluß auf die Kochtemperatur aus, einen Einfluß, der sich eigentlich schon vor dem Kochen, beim Austreiben der im Wasser suspendierten Gase, recht deutlich bemerkbar macht.

Je gasärmer das Wasser wird, desto unruhiger wird sein Kochen: Perioden von Stillliegen wechseln mit Perioden von Stößen, Erschöpfung und Wiederansammlung von Kräften bis zum gewaltsamen Auseinandersprengen des Wassers. Hatte doch *De Luc* im Jahre 1803 geschrieben: Wenn man das Wasser von aller darin enthaltener Luft befreit, kann es nicht mehr sieden!

Ebenso spielt das Tempo des Wärmeeintritts in das Wasser eine Rolle. Bei sehr langsamer Erwärmung kann das Wasser, ohne zu kochen, auf eine Temperatur gebracht werden, die um einige Grad höher ist als die normale Kochtemperatur. Das Wasser ist in diesem Zustande überhitzt, es enthält mehr Wärme, als ihm nach den Druckverhältnissen zukommt. Wird diese überhitzte (vielleicht genügt auch der Ausdruck „überheiße") Wassermasse nur im geringsten erschüttert, d. h. werden die Moleküle gegeneinander etwas verschoben, so tritt ein plötzliches heftiges Kochen auf, das schon oft genug verhängnisvoll geworden ist. Dieses Ansammeln von Wärme über dasjenige Maß hinaus, bei welchem das Kochen unter gewöhnlichen Umständen schon hätte eintreten müssen, heißt „Siedeverzug", der nur vorkommt bei außergewöhnlich ruhiger Lagerung des Gefäßes und dessen Umgebung.

Nach alledem bleibt die Angabe einer bestimmten Temperaturlage für den Kochpunkt des Wassers schwankend, da vielerlei Äußerlichkeiten und fast Zufälligkeiten mitbestimmend wirken. Trotzdem wird die Temperatur von 100° als Kochtemperatur des Wassers für nicht außergewöhnliche Fälle anerkannt.

Der Aufwand an Wärme für die Dampferzeugung besteht aus zwei Teilen:

a) aus dem Aufwande für die Erwärmung des Wassers bis zur Kochtemperatur, und

b) aus dem Aufwande für die Umwandlung des Wassers in Dampf von gleicher Temperatur.

Regnault schuf für die Resultate seiner diesbezüglichen Untersuchungen die Formel

$$W \text{ (Gesamtwärme des Dampfes)} = 606{,}5 + 0{,}305 \cdot t \,,$$

wobei er die von ihm gefundene wirkliche Flüssigkeitswärme, die wir vorhin behandelten, zugrunde legte. Demnach ist die Gesamtwärme des Dampfes von 100° = 606,5 + 0,305 · 100 = 606,5 + 30,5 = 637 WE.

Dabei ist angenommen, daß das Wasser von 0° an bis auf 100° angewärmt werden mußte. Hatte das Wasser aber schon vor Einsatz der Anwärmung eine gewisse höhere Temperatur, so fällt der Aufwand für diesen Teil natürlich aus. Wäre die ursprüngliche Temperatur z. B. 40° gewesen, so wäre der nötige Aufwand an Wärme nur noch

$$606{,}5 + 0{,}305 \cdot 100 - 40 = 597 \text{ WE.}$$

Der Wert der Gesamtwärme des Dampfes von 637 WE bliebe derselbe, denn es ist gleichgültig, woher die Wärme gekommen ist; genug, daß sie da ist.

Ist in einem Dampfkessel eine Spannung von 5 Atm. abs. (von 4 Atm. über den Druck der Atmosphäre hinaus, Überdruck) vorhanden, wobei die Kochtemperatur bei 151° liegt, und wird das Speisewasser mit 90° eingeführt, so ist der Wärmeaufwand für die Verdampfung von 1 kg Wasser = 606,5 + 0,305 · 151 − 90 = 652,5 − 90 = 562,5 WE, und der Wärmewert von 1 kg Dampf bei 151° = 652,5 WE, denn dieser enthält auch die vom Speisewasser mitgebrachte Wärmemenge.

Wenn wir uns eine kleine Ungenauigkeit, wobei es sich um Zehntel von Graden oder Wärmeeinheiten handelt, gestatten wollen, so benutzen wir eine für die Praxis umgewandelte bequemere Formel und setzen $W = 607 + 0,3 · t$, wie üblich geworden. Gerade bei $t = 100$ wird der Fehler = 0, denn auch 607 + 0,3 · 100 ist = 637 WE, wie vorhin. Auch wir bedienen uns von nun an dieser abgekürzten Formel!

3. Wenn wir umgekehrt aus Dampf wieder Wasser werden lassen wollen, so haben wir dem ersteren so viel Wärme zu entziehen, wie wir aufwenden mußten, um das Wasser Dampf werden zu lassen. Und wie der Dampf im Augenblick seines Werdens die Temperatur des Wassers hat, aus dem er entsteht, so auch hat umgekehrt das Wasser in statu nascendi die Temperatur des Dampfes.

$$\begin{array}{ll}
\text{Aus 1 kg Dampf mit dem Wärmewerte} & 607 + 0,3 · t\ \text{WE} \\
\text{entsteht 1 kg Wasser mit dem Wärmewerte} & \underline{\hphantom{607} 1,0 · t\ \text{WE};} \\
\text{es mußten also dem 1 kg Dampf} & 607 − 0,7 · t\ \text{WE}
\end{array}$$

entzogen werden, um Wasser von gleicher Temperatur zu werden.

Denn — es sei noch einmal gesagt — die Wärmemenge, die Dampf aus Wasser, und Wasser aus Dampf werden läßt, die ein- und ausgeht, ohne an der Temperatur etwas zu ändern, diese Wärmemenge hat mit der anderen, welche die Veränderung der Temperatur bewirkt, nichts Gemeinschaftliches, sie können sogar verschiedenen Ursprungs sein.

Die letztere heißt „fühlbare" Wärme, weil ihre Wirkung empfunden wird; die erstere „gebundene", auch „latente" (verborgene) Wärme, weil ein gewisser Zustand des Wassers (Aggregatzustand) durch sie erhalten wird, und weil ihre Tätigkeit eine durch Temperaturmessung nicht erkennbare ist.

Dem Dampfe seine gebundene Wärme nehmen, nannte man „den Dampf niederschlagen", wobei man wohl meistens nur meinte, sich des Dampfes durch Abkühlung entledigen, ohne sich also um eine Nutzbarmachung der Wärme zu sorgen. Es handelte sich dabei wohl auch nur um Dampf von kaum mehr als atmosphärischer Spannung.

Mit dem Kondensator (Verdichter) — mit demjenigen Apparate, in welchem dem Dampfe die gebundene Wärme durch Einmischung von kaltem Wasser entzogen wird —, kommen wir auch nur insofern einen Schritt weiter, als mit Verlegung dieses Vorganges in einen geschlossenen Raum auch niedrig temperierte Dämpfe von geringerer als atmosphärischer Spannung in gewünschter Weise behandelt werden können. Aber auch hier kann es meistens nur zu einer sehr mäßigen Verwertung der dem Dampfe entnommenen Wärme kommen, weil die tief liegenden Temperaturen den Kreis einer Nutzbarmachung sehr eng ziehen.

Die Kondensation gewinnt auf dem Gebiete der Verdampfung — von dem Wesen und Werte der Kondensation bei der Dampfmaschine kann an dieser Stelle nicht gesprochen werden — erst dann, wie wir sehen werden, eine Bedeutung, eine große Bedeutung, wo die gebundene Wärme des Dampfes, dessen Temperatur in verschiedenen Stadien selten über etwa 135° hinausreicht, eine volle und zugleich mehrfache Verwendung findet.

Soll in der Kondensation 1 kg Dampf von 60° zu Wasser von 60° gemacht werden, so sind ihm $607 - 0{,}7 \cdot 60 = 565$ WE zu entziehen. Stände dabei Kühlwasser von 8° zu Gebote, welches also pro 1 kg $60 - 8 = 52$ WE aufnehmen könnte, so wären für die Kondensation $\frac{565}{52} = 10{,}8$ kg von diesem Wasser nötig. $10{,}8 + 1{,}0 = 11{,}8$ kg Wasser von 60° wäre das Resultat. Selbstverständlich stellt die Praxis noch andere ·Bedingungen.

4. Wir haben bis jetzt von „Dampf“ gesprochen und haben noch nicht erfahren, was Dampf ist. Wir werden das auch nicht erfahren und werden uns mit den unzulänglichsten Definitionen zufrieden geben müssen.

Was heißt das: Dampf ist ein gasförmiger oder gasartiger oder auch nur gasähnlicher Körper, welcher aus einer Flüssigkeit entsteht, deren Flüssigkeitszustand durch zugeführte Wärme gelöst ist, — oder:

Mit dem Namen Dampf bezeichnet man eine in gasförmigen Zustand übergegangene Flüssigkeit, — usw.?

Alle diese bekannten Erläuterungen, die tausend ungelöste Rätsel enthalten, lassen Dämpfe aus Flüssigkeiten entstehen oder lassen Dämpfe „Flüssigkeiten in verändertem Zustande (Aggregatzustande)“ sein.

Wie eigentümlich! Wie war es denn, als die Erde noch keine Flüssigkeit auf ihrer Oberfläche oder in ihrer Kruste duldete, als sie noch „wüst und leer war, und es finster war auf der Tiefe“? Und wo kamen die Flüssigkeiten her, eine nach der anderen, als die Erde, zuerst an wenigen Stellen, dann immer mehr und mehr, weiter und weiter, so abgekühlt war, daß sich ein Ozean ansammeln konnte, „und der Geist Gottes auf dem Wasser schwebte“? Hat es da nicht Dämpfe gegeben, aus denen die Flüssigkeiten erst werden mußten? Weltendämpfe! Gibt es diese nicht noch, weit, weit über unsere Atmosphäre hinaus, der manche Gelehrte eine Grenze, ein Ende zu geben sich erdreisten —?

Also umgekehrt: nicht der Dampf auf unserer Erde ist aus der Flüssigkeit, sondern die Flüssigkeit ist aus dem Dampfe entstanden, durch Abkühlung. (Welche Stoffe im Weltenraum haben sich diese den Dämpfen dabei entzogene Wärme angeeignet und nutzbar gemacht?)

Wir machen's uns wieder bequem und nehmen die Sache, wie sie ist: die Flüssigkeiten sind da, und wir lassen sie unter Zuführung neuer Wärme zu Dämpfen werden!

Alle Dämpfe sind im Augenblicke ihres Gewordenseins „gesättigte“ oder vielleicht besser „satte“. Füllt solcher Dampf von bestimmter Temperatur, also auch von bestimmter Spannung, einen abgegrenzten Raum aus, so findet in diesem eine weitere Menge desselben Dampfes nicht mehr Platz. Die Vermehrung des Dampfes innerhalb desselben Raumes würde ja eine größere Spannung und eine höhere Temperatur zur Folge haben, also den Dampf verändern, was gegen die Bedingung der bestimmten Temperatur und Spannung verstoßen würde. Man sagt — nicht gerade sehr präzise —: Dampf, der in einen mit gesättigtem Dampfe erfüllten Raum eingeführt wird, kondensiert.

Erhält aber der in dem abgeschlossenen Raume eingesperrte gesättigte Dampf mehr Wärme, so wird er „überhitzt“; er kann sein Volumen der steigenden Temperatur entsprechend nicht erweitern (sein spezifisches Volumen bleibt dasselbe), aber seine Spannung steigt mit der Temperatur. Es bleibt, kann man sagen, beim Wachsen des Ganzen nur dasselbe Volumen zurück.

Solche Dämpfe sind schlechte Wärmeleiter, sie verhalten sich wie Gase. Überhitzter Dampf nimmt Wärme langsam auf und gibt sie auch nur langsam wieder ab. Seine Wärmeabgabe wird erst lebhaft von dem Augenblicke an, wo seine Temperatur auf die des gesättigten Dampfes herabgesunken ist, d. h. nicht anders als: bis er wieder gesättigter Dampf geworden ist.

Nach dem so geschilderten Werdegange des überhitzten Dampfes ist **überhitzter Dampf solcher, der unter Beibehaltung desselben Volumens eine höhere Temperatur und eine größere Spannung hat als der gesättigte von gleicher Menge (Gewicht).**

Und hieraus ergibt sich, daß es in der Industrie überhitzten Dampf dieser Art (von größerer Spannung) nicht geben kann, weil sich eine irgendwo zwischen Dampfentstehungs- und Dampfverwendungs-Stelle erzwungene Spannungserhöhung nach beiden Seiten hin fortpflanzen würde, wobei die Produktion des gesättigten Dampfes durch die Überhitzung erstickt werden müßte. Es wäre die Geschichte von den beiden Löwen, die sich gegenseitig bis auf die Schwänze aufgefressen haben.

Aber die Überhitzung des Dampfes kann mutatis mutandis auch in anderer Weise in Erscheinung treten: wir können auf die Beibehaltung des Volumens verzichten, das Volumen entsprechend erweitern, also die Spannung belassen, während wir die Temperatursteigerung annehmen. Dann ist **überhitzter Dampf solcher, der unter Beibehaltung der Spannung des gesättigten Dampfes eine höhere Temperatur und ein größeres Volumen hat als der gesättigte Dampf von gleicher Menge (Gewicht).**

Mit der Ausschaltung der höheren Spannung fällt das Hindernis für die industrielle Verwendbarkeit des überhitzten Dampfes; wir tauschen dagegen größeres Volumen ein.

Höhere Temperatur und vergrößertes Volumen sind die verwertbaren Errungenschaften der Dampfüberhitzung.

Selbstverständlich erfordert die Dampfüberhitzung entsprechende Wärme. Für jeden Grad Temperaturzuwachs, den 1 kg überhitzter Dampf erfährt, rechnete man einen Aufwand von 0,48 WE; es hat sich aber gezeigt, daß für den überhitzten Dampf ein ähnliches Gesetz besteht, wie für das Wasser, daß nämlich, wie früher gesagt, bei steigender Temperatur die Wärmemenge, welche einen Unterschied von 1° bewirken soll, wächst, wenn auch nur um sehr wenig. Beim Wasser wurde sie größer als 1,00, beim überhitzten Dampfe wächst sie analog über 0,48 WE hinaus.

Bei der Kondensation muß auch dem überhitzten Dampfe diejenige Wärmemenge entzogen werden, die ihm zur Erlangung seines Zustandes zugeführt wurde.

Es ist nicht leicht, überhitzten Dampf in konstanter Beschaffenheit zu erhalten, weil er — im Gegensatze zum gesättigten — in sich keine Wärmereserve enthält. Jeder Wärmeabgang schlägt ihn schnell aus seiner bevorzugten Position zurück, und dabei erleidet er eine tiefe Depression.

Aus dieser Erkenntnis heraus vermeiden gewissenhafte Männer, die den Begriff „Überhitzung" sehr streng nehmen und für fertig durchgeführte Überhitzung eine Garantie zu geben sich nicht getrauen, auch den Namen und sagen „Heißdampf", auch „Edeldampf", und wollen damit bemerken, daß die Anforderungen an die Überhitzung des Dampfes nur zum Teil erfüllt sind. Führt doch der „überhitzte" Dampf in seinen Rohrleitungen Kondenswasser mit sich, wie die Erfahrung lehrt, und wie es scheint sogar ohne wesentliche gegenseitige Beeinflussung!

Da wir den Dampf in Verfolgung unserer Ziele nur als Wärmeträger benutzen werden, also von der Verwendung wirklich überhitzten Dampfes absehen, so sei nun hiermit dieses Kapitel geschlossen mit der wiederholenden Bemerkung, daß man Dampf, und zwar direkten wie Maschinenabdampf, der zur Beheizung in Abdampfapparaten dient, am besten bis vor den Eintritt in die Heizkammer höchstens im Zustande sehr mäßiger Überhitzung halten sollte, so daß die Überhitzungswärme sofort anderweitige Verwendung finden kann.

III. Die ideelle Verdampfung.

Mit diesen notwendigsten Kenntnissen, die wir „physikalisches Handwerkszeug" nannten, ausgerüstet, gehen wir zur Verdampfung — besser: zur Abdampfung — selbst über.

Wir beabsichtigen, eine wässerige Lösung bis zu einem gewissen gewollten Grade von ihrem Lösungsmittel, dem Wasser, zu befreien; wir bezwecken demnach, einen Rest zu lassen, der uns als solcher aus irgendwelchem Grund wertvoller ist, als die Lösung es war.

Wir machen, um uns den Anfang zu erleichtern, einige gedachte Zustände zur Vorbedingung:

a) Wir denken uns das Gewicht der einzudampfenden Flüssigkeit, der Lösung einer Materie in Wasser, wirkungslos. Wir wollen uns damit für unsere Betrachtung von dem Einflusse verschiedener Flüssigkeitshöhen und ebenso von dem anderer spezifischer Eigenschaften der Flüssigkeit frei machen;

b) wir sehen für jetzt davon ab, daß die Lösung bei abnehmendem Wassergehalte, also bei zunehmender Konzentration ihre Fließfähigkeit und ihre Kohäsion verändert, und für ihr Kochen eine größere Spannung (eine höhere Temperatur) verlangt;

c) wir erkennen keine Hindernisse an in dem Übergange der Wärme aus dem Heizdampfe, dessen wir uns als Wärmeträger bedienen, in die Flüssigkeit; wir stellen uns vielmehr eine unendlich dünne Wandung als Scheide zwischen beiden (dem Heizdampfe und der Flüssigkeit) vor, deren Wärmedurchlaßfähigkeit durch nichts behindert ist;

d) wir nehmen an, daß es weder Wärmeverluste nach außen, noch einen Wärmeverbrauch für innere mechanische Arbeit gibt, daß also aller Wärmeumsatz nur der Abdampfung dient.

Eine unter solchen und ähnlichen Vorstellungen sich vollziehend gedachte Abdampfung wollen wir die ideelle Verdampfung nennen.

Wir stellen uns nur eine Aufgabe. Diese soll heißen:

Aus 90 kg einer Lösung, welche 87% — also etwa 78 kg — Wasser enthält, sollen 70 kg Wasser abgedampft werden, so daß 20 kg als Rest verbleiben[1].

Diese selbe Aufgabe bleibt durch das ganze Buch hindurch die gleiche.

---

[1] Diese scheinbar ganz beliebigen Zahlen haben in der Rübenzuckerindustrie folgende Bedeutung: Die Verarbeitung von je 100 000 kg (2000 Ztr.) Rüben in 24 Stunden ergibt eine minutliche Menge von etwa 90 kg Dünnsaft, welcher von 13° Bx zu 20 kg Dicksaft von 58° Bx durch Abdampfung von 70 kg Wasser eingedickt wird. Natürlich wechseln diese Werte in ziemlich weiten Grenzen, sind also nicht verbindlich.

a) Die einmalige Benutzung der Heizwärme.

In tausend Fällen der Abdampfung: in der Kleinindustrie, in der Küche, in Laboratorien usw. wird die Methode der einmaligen Benutzung der Wärme geübt, und bei weitem am meisten beim Kochen in Kesseln, Pfannen, Töpfen, Retorten, Flaschen — in Mauerungen, auf Herden und über Flammen.

Die Gefäße, die man lediglich zum Zwecke der Abdampfung benutzt, sind — mit wenigen Ausnahmen — offen, ihr Inneres steht unmittelbar oder auf Umwegen mit der Atmosphäre in Verbindung; ihre Füllung, die abzudampfende Lösung, steht unter dem Drucke der Atmosphäre.

Wasser und wässerige Lösungen, deren Bestandteile die Kohäsion der Mischung nicht verstärken, den Zusammenhang der Flüssigkeitsteilchen nicht vergrößern, kochen unter solchen Umständen bei 100° C an ihrer Oberfläche und geben Dampf von gleicher Temperatur ab.

(Wir würden gegen unser Programm auf das Gebiet der Destillation übertreten, wenn wir von Mischungen reden wollten, aus denen gelöste Stoffe in Dampfform abgeführt werden, um als Kondensat Verwertung zu finden.)

Nach unseren Vorbedingungen für die ideelle Verdampfung lassen wir die zu behandelnde Flüssigkeit unter 100° kochen, und nicht nur an der Oberfläche, sondern auch von Innen heraus — unter Ausschaltung des Einflusses der Flüssigkeitssäule auf die Kochtemperatur.

Die Flüssigkeit sei mit 100° in das Abdampfgefäß eingetreten und halte diese Temperatur bis zum Einsetzen des Abdampfens. Wir erinnern uns, daß 1 kg Wasser von 0° zu seiner Anwärmung auf 100° und zu seiner vollständigen Verdampfung unter gleicher Temperatur $607 + 0{,}3 \cdot 100$ WE in Anspruch nimmt, und daß demnach 1 kg Wasser, welches mit seiner Temperatur von 100° schon 100 WE enthält, also bis zum Verdampfen weitere Wärme nicht mehr aufzunehmen braucht, nur noch zum Verdampfen $607 + 0{,}3 \cdot 100 - 100 = 607 - 0{,}7 \cdot 100 = 537$ WE nötig hat.

Sollen nach unserer Aufgabe 70 kg Wasser aus einer Lösung abgedampft werden, deren Temperatur 100° ist, so sind dazu noch aufzunehmen

$$70 \cdot 537 = 37\,590 \text{ WE.}$$

Soll dieser Wärmebedarf durch Dampf gedeckt werden, so muß dessen Temperatur um eine gewisse Stufe höher liegen. Nehmen wir — aus später zu besprechenden Gründen — eine Temperatur von 108° C für ihn an.

Dampf von 108° (ca. 1,3 Atm. abs.) enthält pro 1 kg $607 + 0{,}3 \cdot 108$ WE; wenn er aber seine gebundene Wärme abgibt und kondensiert, so bleibt 1 kg Wasser von 108° zurück, welches an dieser Stelle nicht verwertet werden kann. Es bleibt also als verwertbare — nutzbare — Wärme, die 1 kg Dampf von 108° abgeben kann:

$$607 + 0{,}3 \cdot 108 - 108 = 607 - 0{,}7 \cdot 108 = 531 \text{ WE.}$$

Da nun zur Verdampfung von 70 kg Wasser angefordert wurden 37 590 WE, so ist der entsprechende Heizdampfverbrauch

$$\frac{37\,590}{531} = 70{,}8 \text{ kg.}$$

Eine wichtige Zwischenbemerkung. Wir nehmen gleich die erste sich bietende Gelegenheit wahr, um ein vielleicht entstehendes Mißverständnis zu klären.

Es ist oben stillschweigend angenommen, daß der Heizdampf von $108°$ sein Kondenswasser mit gleichfalls $108°$ abfließen läßt, daß also 1 kg Heizdampf von $108°$ mit einer Gesamtwärme von $607 + 0,3 \cdot 108$ nur

$$607 + 0,3 \cdot 108 - 108 = 607 - 0,7 \cdot 108 \text{ WE}$$

abgibt, während 108 WE mit dem Kondenswasser abfließen.

Wir wollen diese einfache Anschauung zwar für alle folgenden Rechnungen beibehalten, müssen aber bemerken, daß sie der Wahrheit nicht entspricht.

Wahr ist nur, daß das Kondenswasser im Augenblicke seines Entstehens aus dem Heizdampfe von $108°$ (in statu nascendi) auch $108°$ hat; aber unwahr ist es, daß es diese Temperatur bis zum Ausfluß behält. Es rieselt nämlich auf einem mehr oder weniger langen Wege, je nach seinem Entstehungspunkte, an einer um etwas kühleren Rohrwand entlang und gibt hier also noch einige WE an die Rohrwand zugunsten der Verdampfung, die auf der gegenüberliegenden Seite der Rohrwand stattfindet, ab, so daß seine Temperatur um etwas sinken muß. Es kann das nicht viel sein, denn schon die Rohrwand hält als Eigentemperatur eine Temperatur inne, die zwischen der des Heizdampfes und der der siedenden Flüssigkeit gelegen ist; und an dieser mitteltemperierten Heizwand rieselt das Kondenswasser — wie schon gesagt: auf verschieden langen Wegen — unter ständiger inniger Berührung mit dem Heizdampfe entlang! Dieser Wärmeabgang aus dem Kondenswasser hängt in seiner Größe natürlich ab von der Temperaturdifferenz zwischen Heizdampf und siedender Flüssigkeit, ist ihr vielleicht oder wahrscheinlich proportional. *Claassen* ist durch Temperaturmessungen auf diesen Vorgang aufmerksam geworden und hat ihn auch besprochen.

Bis auf die Temperatur der siedenden Flüssigkeit herab kann die Temperatur des Kondenswassers niemals sinken!

Der Dampf, zu dem die 70 kg Wasser umgewandelt sind, enthält selbstverständlich die volle Wärmemenge, sowohl diejenige, welche das Wasser beim Beginne der Verdampfung hatte, als auch die, welche nötig war, um das Wasser in Dampf zu verwandeln, also

$$70 \cdot (607 + 0,3 \cdot 100) = 70 \cdot 637 = 44\,590 \text{ WE;}$$

diese werden jedoch in unserem Falle nicht nutzbar gemacht, wenigstens nicht in unserem Sinne.

Aber wir wissen, daß wir ihm

$$70 \cdot (607 - 0,7 \cdot 100) = 70 \cdot 537 = 37\,590 \text{ WE}$$

entnehmen könnten, wenn wir ihm Gelegenheit geben würden, diese an andere Materien abzugeben, und dabei wieder Wasser von $100°$ zu werden.

Das könnte zum Zwecke der Abdampfung geschehen, wenn wir eine Flüssigkeit behandeln wollten, deren Siedetemperatur niedriger liegt als die Temperatur des Dampfes von $100°$; es könnte aber auch geschehen, wenn wir den Siedepunkt von 100° der vorhin behandelten Flüssigkeit, z. B. durch Verminderung des Luftdruckes, künstlich tiefer legten. Sehen wir

Mit dem Tieferlegen des Siedepunktes durch die Anwendung der Luftpumpe[1] kommen wir zur mehrmaligen Benutzung der aufgewendeten Wärme.

Wir hängen dem ersten bis jetzt behandelten Gefäße ein zweites an, in welchem wir den aus dem ersten nutzlos entweichenden Abdampf nutzbar machen dadurch, daß wir ihn als Heizdampf für den zweiten verwenden. Damit haben wir

b) Die zweimalige Benutzung der Heizwärme.

Selbstverständlich wird jetzt zum Sammeln und zur Überführung des Dampfes in den Heizraum des zweiten Gefäßes das erste geschlossen und nur ein Leitungsrohr angefügt. Jetzt vollzieht sich die Abdampfung der 70 kg Wasser in zwei Gefäßen, in einem, das mit Dampf von 108° — und im anderen, welches mit Dampf von 100°, dem Abdampfe aus dem ersten, beheizt wird. Es geschieht nun (vorher ausgerechnet) folgendes:

Es werden, wie vorhin 90 kg Flüssigkeit mit 100° C in das erste Gefäß eingeführt. Aber im Gegensatze zur ersten Lösung der Aufgabe bei einmaliger — werden jetzt bei zweimaliger Benutzung der Wärme nicht 70, sondern nur ein Teil von 70, etwa 35 kg Wasser abgedampft.

Bei dieser Verdampfung von 35 kg Wasser von 100° entsteht Dampf, welcher $35 \cdot (607 + 0,3 \cdot 100)$ WE enthält. Es wird in den Heizraum des zweiten Gefäßes übergeleitet und kondensiert. Während mit dem Kondenswasser $35 \cdot 100$ WE abgeführt werden, bleiben für weitere Verwertung $35 \cdot (607 - 0,7 \cdot 100) = 35 \cdot 537 = 18\,795$ WE übrig.

Von den 90 kg Flüssigkeit, die in das erste Gefäß eingeführt wurden, sind 35 kg in Dampfform abgegangen. Die übrigen $90 - 35 = 55$ kg fließen in das zweite Gefäß, in welchem — angenommen — die Flüssigkeit bei 91° C (entsprechend einem Drucke von 0,718 Atm. abs.) kocht[2].

Um auf die Temperatur von 91° herabzusinken, müssen aus der Flüssigkeit $55 \cdot (100 - 91) = 55 \cdot 9 = 495$ WE austreten; sie gesellen sich den vor-

---

[1] Mit der Einschaltung der Luftpumpe schieben sich neue Abhängigkeiten in die Lösung unserer Aufgabe ein, die das Verlangen nach wertvollen Vergleichen zwischen dem Dampfverbrauche bei der ein- und mehrmaligen Benutzung der Wärme ungestillt lassen müssen. Ich gehe wohl, um solche Vergleiche zu ermöglichen, einen neuen Weg, wenn ich die natürliche Entwicklung des Mehr-Körper-Apparates aus dem Ein-Körper-Apparate durch Ansetzen neuer Körper an den ersten verfolge. Freilich füge ich damit wieder eine Annahme ein, die in der Praxis nicht durchführbar wäre: daß ich den Grad der Luftverdünnung beliebig einstellen könnte. Aber wir wandeln jetzt auf dem Pfade der Ideen und lassen die Möglichkeiten oder Unmöglichkeiten einer Ausführung unerörtert beiseite liegen.   Der Verfasser.

[2] Es sei nochmals darauf hingewiesen, daß diese und solche Annahmen nur gemacht sind, um das System der mehrfachen Benutzung der Wärme zu erläutern. In der Praxis ist es nicht gut durchführbar, eine Temperatur, wie hier 91°, als Endtemperatur eines Verdampfsystems festzuhalten.

handenen nutzbaren WE zu und bilden so die Summe der im Heizraume
des zweiten Körpers vorhandenen nutzbaren WE

$$\text{mit } 18\,795 + 495 = 19\,290 \text{ WE.}$$

Im zweiten Gefäße wird zur Verdampfung von je 1 kg Wasser von 91°
eine Wärmemenge $= 607 - 0{,}7 \cdot 91 = 543$ WE gebraucht, wonach hier
$\dfrac{19\,290}{543} = 35{,}5 \sim 35$ kg Wasser abgedampft werden; es verdampfen also in
beiden Körpern zusammen ~ 70 kg Wasser, wie die Aufgabe lautet.

Aber wie steht es jetzt mit dem Heizdampfverbrauche?

Im ersten Gefäße sind (gegen 70 vorher) nur 35 kg Wasser abgedampft
worden, und es sind nur $\dfrac{18\,975}{531} = 35{,}4$ kg Heizdampf von 108° erforderlich
— halb soviel wie die einmalige Benutzung der Wärme verbrauchte, entsprechend der halb so großen Menge des im ersten Gefäße verdampften
Wassers.

c) Die dreimalige Benutzung der Heizwärme.

Wenn aus dem ersten Gefäße 22,7 kg Wasser von 100° verdampfen,
so gehen mit diesem Dampfe $22{,}7 \cdot 537$ . . . . $= 12\,190$ WE
als nutzbar in den Heizraum des zweiten Gefäßes über.

In den Kochraum des zweiten Gefäßes fließen $90 - 22{,}7 = 67{,}3$ kg
Flüssigkeit von 100°, deren Temperatur auf 91° abfällt. Dadurch unter-
stützen $(90{,}0 - 22{,}7) \cdot (100 - 91) = 67{,}3 \cdot 9$ . . . . $=$ 605 WE
die Verdampfung im zweiten Gefäße, in welchem $\dfrac{12\,190 + 605}{607 - 0{,}7 \cdot 91} = \dfrac{12\,795}{543}$
$= 23{,}5$ kg Wasser abdampfen.

In dem Heizraum des dritten Gefäßes steigen über 23,5 kg Dampf,
dessen nutzbare Wärme ist $23{,}5 \cdot 543 = $ . . . . 12 795 WE
In den Kochraum desselben fließen aus dem zweiten Gefäße ein: $67{,}3{-}23{,}5$
$= 43{,}8$ kg Flüssigkeit, welche beim Abfall ihrer Temperatur von 91° auf 80°
(welch letztere Temperatur wir als Kochtemperatur der Flüssigkeit im Kochraum des dritten Gefäßes [entsprechend einem Drucke von 0,466 Atm. abs.]
annehmen wollen) $43{,}8 \cdot (91 - 80) = 43{,}8 \cdot 11 = 482$ WE $\sim$ . . . . . . 480 WE
frei werden lassen und die Verdampfung damit unterstützen. So ver-
dampfen hier $\dfrac{12\,795 + 480}{607 - 0{,}7 \cdot 80} = \dfrac{13\,275}{551} = 24$ kg Wasser.

Es verdampfen der Aufgabe gemäß aus 90 kg Flüssigkeit $22{,}7 + 23{,}5 + 24{,}0 = 70{,}2$
~ 70 kg Wasser.

Bei dreimaliger Benutzung der Dampfwärme sind nur $\dfrac{12\,190}{531} = 23$ kg Heizdampf
von 108° erforderlich.

d) Die viermalige Benutzung der Heizwärme.

Im ersten Gefäße mögen aus der Flüssigkeit (90 kg bei 100°) 16,2 kg Wasser abgedampft werden.

Zu dieser Umwandlung von 16,2 kg Wasser von 100° in 16,2 kg Dampf
von 100° sind nötig
$16{,}2 \cdot (607 + 0{,}3 \cdot 100 - 100) = 16{,}2 \cdot (607 - 0{,}7 \cdot 100) = 16{,}2 \cdot 537 = $ 8 700 WE
welche der Heizdampf von 108° zu liefern hat.

Der Flüssigkeitsdampf von 100° hat eine Gesamtwärme von $16{,}2 \cdot (707 + 0{,}3 \cdot 100)$. Da er aber im zweiten Gefäße, um daselbst als Heizdampf zu dienen, kondensiert, so gehen $16{,}2 \cdot 100 = 1620$ WE mit dem Konsendwasser ab und scheiden aus. Es verbleiben als nutzbare Wärmemenge nur $16{,}2 \cdot (607 + 0{,}3 \cdot 100 - 100) = \dots\dots\dots$ 8 700 WE[•1]
Aber es treten hier noch andere nutzbare Wärmemengen hinzu. Die Temperatur der um 16,2 kg verminderten Flüssigkeit sinkt beim Übergang in den Kochraum des zweiten Gefäßes von 100° auf 91° herab und läßt $(90 - 16{,}2) \cdot (100 - 91) = 73{,}8 \cdot 9 = \dots\dots\dots\dots$ 665 WE
frei werden, welche der Abdampfung zugute kommen.

Es verdampfen demnach im zweiten Gefäße

$$\frac{8700 + 665}{607 - 0{,}7 \cdot 91} = \frac{9365}{543} = 17{,}2 \text{ kg Wasser.}$$

In die Heizkammer des dritten Gefäßes gehen über $\dots\dots\dots$ 9 365 WE[•]
diesen fehlen bereits die $17{,}2 \cdot 91$ WE, die mit dem Kondenswasser ausscheiden. Zu ihnen kommen die Wärmemengen, die mit dem Übergange der Flüssigkeit aus dem Kochraume des zweiten Gefäßes in den des dritten direkt übergeleitet werden, deren Temperatur von 91° auf 80° abfällt. Das sind $(90 - 16{,}2 - 17{,}2) \cdot (91 - 80) = 56{,}6 \cdot 11 \sim \dots\dots\dots$ 623 WE

Es verdampfen demnach im dritten Gefäße

$$\frac{9365 + 623}{607 - 0{,}7 \cdot 80} = \frac{9988}{551} = 18{,}1 \text{ kg Wasser.}$$

In den Heizraum des vierten Gefäßes treten als nutzbar $\dots\dots$ 9988 WE[•]
Und mit der Flüssigkeit, deren Temperatur von 80° auf 65° abfallen möge, kommen über $(90 - 16{,}2 - 17{,}2 - 18{,}1)(80 - 65) = 38{,}5 \cdot 15 \sim \dots\dots$ 577 WE
und es verdamkfen im vierten Gefäße

$$\frac{9988 + 577}{607 - 0{,}7 \cdot 65} = \frac{10\,565}{562} = 18{,}8 \text{ kg Wasser.}$$

Es sind zusammen verdampft $16{,}2 + 17{,}2 + 18{,}1 + 18{,}8 = 70{,}3 \sim 70$ kg Wasser gemäß der Aufgabe.

Der Wärmeverbrauch aus dem Heizdampfe ist mit $\dots\dots\dots$ 8 700 WE[•]
angegeben, wonach an Heizdampf von 108° verbraucht werden

$$\frac{8700}{607 - 0{,}7 \cdot 108} = \frac{8700}{531} = 16{,}38 \text{ kg} \sim 16{,}4 \text{ kg.}$$

Um 70 kg Wasser aus einer Flüssigkeitsmenge von 90 kg abzudampfen sind verbraucht

> bei einmaliger Benutzung der Wärme   70,8 kg Dampf von 108°
> bei zweimaliger Benutzung der Wärme 35,4 kg Dampf von 108°
> bei dreimaliger Benutzung der Wärme 23,0 kg Dampf von 108°
> bei viermaliger Benutzung der Wärme 16,4 kg Dampf von 108°

immer unter der Voraussetzung, daß die abzudampfende Flüssigkeit die Siedetemperatur, die im ersten Körper herrscht, irgendwie oder irgendwo schon erreicht hat. Diese ist auf 100° festgelegt.

Was wird nun aus den Dämpfen, die je im letzten Gefäße aus der Flüssigkeit aufsteigen: bei einmaliger Benutzung der Wärme im ersten, der zugleich der letzte ist; bei zweimaliger Benutzung im zweiten, usw.; bei viermaliger Benutzung im vierten?

---

[1] Mit dem Zeichen   werden diejenigen WE versehen, welche die Rohrwandungen durchwandern müssen — im Gegensatze zu denen, die mit der Flüssigkeit direkt übertragen werden.

Was an Dämpfen nicht noch in gleicher oder ähnlicher Weise weiter verwertet werden kann, z. B. für Abdampfung anderer Lösungsmittel mit tiefer liegender Siedetemperatur, oder zur Anwärmung kühlerer Flüssigkeiten oder Gase, das muß auch ungenutzt beseitigt werden, denn der Dampf muß heraus, wenn wir die Siedetemperaturen, die wir festlegten, erhalten wollen — gewiß doch wenigstens soweit, daß wir für gleichen nachfolgenden Dampf stets den entsprechenden Raum vorfinden.

Man könnte den Dampf auspumpen, man könnte ihn dann durch Pressung wieder zu Heizdampf für das erste Gefäß machen, man könnte ihn absaugen und durch Injektion heißerer Dämpfe wieder auf höhere Temperatur und Spannung bringen — alles Maßnahmen, mit denen sich die Industrie ernstlich beschäftigt, oder aber — was noch das Einfachste geblieben ist: man kondensiert ihn, d. h. man überträgt seine Wärme auf andere Materien, meist Wasser, und macht ihn zu dem, was er vor seiner Abdampfung war, zu Wasser von entsprechender Temperatur.

e) Die ideelle Kondensation.

In den vier Schematen der ein- bis viermaligen Benutzung der Wärme hätten wir am Schluß der Abdampfung nacheinander

$$70{,}0 \text{ kg Dampf von } 100°$$
$$35{,}5 \text{ kg Dampf von } 91°$$
$$24{,}0 \text{ kg Dampf von } 80°$$
$$18{,}8 \text{ kg Dampf von } 65°$$

durch Kondensation zu beseitigen, d. h. nichts anderes, als durch Abführung der gebundenen Wärme-Mengen derselben:

$$70{,}0 \cdot 537 = 37\,590 \text{ WE bei einmaliger}$$
$$35{,}5 \cdot 543 = 19\,290 \text{ WE bei zweimaliger}$$
$$24{,}0 \cdot 551 = 13\,275 \text{ WE bei dreimaliger}$$
$$18{,}8 \cdot 562 = 10\,565 \text{ WE bei viermaliger}$$

Benutzung der Wärme, die Dämpfe wieder zu Wasser von gleicher Temperatur zu machen.

Wenn uns Wasser von 10° in genügender Menge zur Verfügung stünde, so hätten wir davon folgende Mengen für die Aufnahme der verschiedenen Wärmemengen in Benutzung zu ziehen:

a) Aus Dämpfen von 100° könnten wir mit je 1 kg Wasser von 10° eine Wärmemenge von $100 - 10 = 90$ WE entführen. Mit der Wärmemenge von 37 590 WE würden wir also $\dfrac{37\,590}{90} \backsim 418$ kg Wasser von 10° auf 100° bringen; wir würden durch Übertragung von 37 590 WE an 418 kg Wasser von 10° 70 kg Dampf von 100° zu Wasser von 100° machen und würden damit den Dampf (nicht die Wärme, die wir nur abwandern lassen) verschwinden machen.

b) Für den Fall der zweimaligen Benutzung der Wärme können jedem kg Wasser nur $91 - 10 = 81$ WE übertragen werden. Es werden demnach $\dfrac{19\,290}{81} = 238$ kg Wasser nötig sein, welche den Dampf von 35,5 kg zu Wasser von $91°$ machen.

c) und d) Für den Fall der drei- resp. viermaligen Benutzung der Wärme nimmt 1 kg Wasser $80 - 10 = 70$ WE, resp. $65 - 10 = 55$ WE auf, und es sind demnach $\dfrac{13\,275}{70} = 190$ kg, resp. $\dfrac{10\,565}{55} = 192$ kg Wasser von $10°$ nötig, um die Dampfmengen von 24,0 resp. 18,8 kg zu Wasser von $80°$, resp. von $65°$ werden zu lassen.

Solange wir eine ideelle Kondensation behandeln, d. h. solange wir die Wiederzurücknahme der gebundenen Wärme aus Dämpfen im Sinne haben, die vollständig frei von Beimischungen unkondensierbarer Gase sind, und solange wir von dem Wasser, auf welches wir die Dampfwärme übergehen lassen wollen, das gleiche voraussetzen, so lange bedürfen wir keiner Luftpumpe. Die genannten Zusammenströmungen von gasfreien Dämpfen und Wässern würden die Temperaturen nach Wunsch und Willen festlegen. Wir werden also erst dann, wenn wir zur Wirklichkeit schreiten, die Luftpumpe in Betracht zu ziehen haben.

Es soll noch bemerkt werden, daß mit den angenommenen Dampf- und Flüssigkeits-Temperaturen $108°$, $100°$, $91°$, $80°$, $65°$ und mit deren Gefällen $108 - 100 = 8°$, $100 - 91 = 9°$, $91 - 80 = 11°$ und $80 - 65 = 15°$ den wahren Zuständen, die wir später behandeln werden, schon eine Konzession gemacht ist, da fast alle Lösungen im Laufe der Konzentration relativ größere Wärmemengen für ihr Abdampfen in Anspruch nehmen. Ein Zunehmen der Leistungen entsprechend dem Wachsen der Temperaturdifferenzen entspringt also in Wahrheit nicht aus diesem Zugeständnisse.

f) Die erweiterte (ideelle) Verdampfung.

Bei der Antwort auf die Frage, die wir uns vorhin stellten: Was wird aus den Dämpfen, die je im letzten Gefäße aus der Flüssigkeit aufsteigen? hatten wir gesagt: Was an Dämpfen nicht noch in gleicher oder ähnlicher Weise weiter verwertet werden kann, das muß auch ungenutzt beseitigt werden, und wir haben ihn kondensiert, d. h. wir haben ihm seine Wärme genommen und haben ihn wieder zu Wasser gemacht. Seine Wärme haben wir irgendwelchem Wasser zuteil werden lassen und haben sie damit verschenkt!

Wenn wir aber dem Ursprunge unserer abzudampfenden Flüssigkeit von 90 kg bei $100°$ nachgeforscht hätten, so hätten wir vielleicht gefunden, daß sie, ehe sie mit dieser Temperatur zum Einfluß in das Abdampfgefäß kam, irgendwo eine niedrigere Temperatur hatte — nehmen wir an: $35°$ —, und daß sie erst auf ihrem Wege durch Wärmezufuhr — durch Kesseldampf — auf $100°$ gebracht worden wäre.

Wäre uns da nicht in den Sinn gekommen, mit dem Flüssigkeits-Abdampfe aus dem letzten Gefäße helfend zur Stelle zu sein?

Bleiben wir mal bei dem Ende der viermaligen Benutzung der Wärme! Wir haben aus dem vierten Gefäße 18,8 kg Dampf von 65° mit einer nutzbaren Wärmemenge von 10 565 WE dem Wasser von 10° preisgegeben, hätten wir nicht einen entsprechenden Teil davon zur Anwärmung der Flüssigkeit verwenden sollen, die mit 35° zur Abdampfung unterwegs war? Freilich ist diese Anwärmung beschränkt: mit Dämpfen von 65° kann man nur (und das auch nur theoretisch!) bis 65° erwärmen; aber wenn wir nur einen Teil von dem Erwünschten erreichen, so muß uns das genügen.

Wir können die 90 kg Flüssigkeit von 35 auf 65° bringen und verbrauchen dabei $90 \cdot (65 - 35) = 90 \cdot 30 = 2700$ WE, die wir dem Abdampfe entnehmen. Die Wärmemenge desjenigen Dampfes, welche bis dahin die Flüssigkeit von 35 auf 100° zu erwärmen hatte, wird um 2700 WE verringert; es bleibt ihr nur noch vorbehalten, dieselbe von 65 auf 100° zu bringen. Auf der anderen Seite wird die Kondensation erleichtert: wir haben nur noch $10\,565 - 2700 = 7865$ WE abzuführen und gebrauchen dafür nur noch $\frac{7865}{55} = 143$ kg Wasser von 10°, wo vorher der Bedarf 192 kg war!

Es gibt so manche Industrie, die auch die restlichen 7865 WE, die dem Wasser von 10° anheimfallen müßten, nutzbar verwenden kann zu Anwärmungen von Flüssigkeiten, wenn diese auch mit der Abdampfung selbst nichts zu tun haben!

Aber wir können auch weiter gehen und sind keineswegs auf die Abdämpfe des letzten, hier des vierten Gefäßes beschränkt; und nicht nur, daß wir die abzudampfende Flüssigkeit, die wir eben mit Abdampf aus dem vierten Gefäß auf 65° erwärmt haben, weiter durch Dämpfe aus dem dritten, aus dem zweiten und dem ersten nach und nach auf 100° bringen könnten, wir sind auch imstande, aus irgendeinem dieser Gefäße, oder aus allen, Dämpfe für Zwecke zu entnehmen, die mit der Abdampfung keine Verwandtschaft haben — „soweit der Vorrat reicht" — soviel überhaupt die Menge des abgedampften Wassers hergibt.

Wir wollen uns wieder ein ganz beliebiges Beispiel konstruieren, bei dem die alte Aufgabe bestehen bleibt, daß aus 90 kg Flüssigkeit von 100° etwa 70 kg Wasser abgedampft werden sollen, daß aber noch andere Aufgaben zu lösen sind. Diese mögen sein:

Es sollen aus dem ersten Gefäße — sagen wir von nun an für „Gefäß" nach dem allgemeinen Gebrauche bei größeren Ausführungen: „Körper"! —, also: Es sollen aus dem ersten Körper 7 kg $(= p)$ Dampf von 100°, aus dem zweiten 3 kg $(= q)$ Dampf von 91°, aus dem dritten Körper 2 kg $(= r)$ Dampf von 80° und aus dem vierten 8 kg $(= s)$ Dampf von 65° für irgendwelche Verwendung entnommen, also aus der Verdampfung herausgezogen werden.

Wenn aus dem Körper I die dem Dampfe p eigentümliche Wärmemenge nach außen abgeführt wird, so fehlt den folgenden Körpern II, III und IV die Wirkung derselben ebenfalls.

Wenn aus dem Körper II die dem Dampf q eigentümliche Wärmemenge abgeführt wird, so fehlt den folgenden Körpern III und IV die Wirkung der abgezogenen. Und dem Körper IV geht die Wirkung der aus

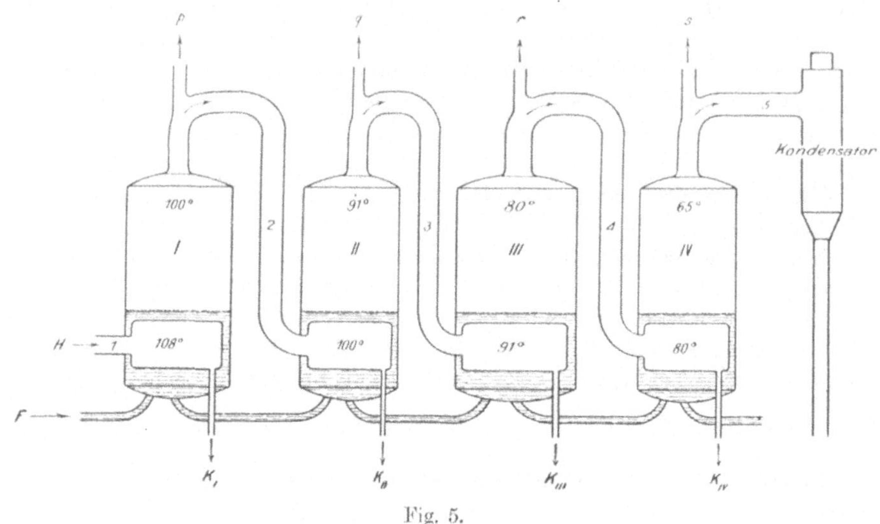

Fig. 5.

dem Körper III entnommenen Wärmemengen r verloren, während die Wärmemenge s, die dem Körper IV entzogen wird, nur die Kondensation günstig beeinflußt — gleichviel, ob diese s nutzbringend oder nicht entführt werden.

Aber wie diese aus den Körpern entführten Wärmemengen p, q, r, s durch Wärmemengen des Heizdampfes ersetzen?

Wie einfach und durchsichtig das scheint! Aber leider nur scheint, nicht ist! Denn wir sind nur in der Lage, denjenigen Schaden direkt durch Heizdampf zu ersetzen, den wir dem Körper I durch Entnahme des Heizwertes p angetan haben.

Die Abführung von Dampf und dessen Werten aus dem Körper II des Wertes q, kann nicht unmittelbar von seiten des Heizdampfes quitt gemacht werden; da muß der Weg durch den Körper I gehen.

Ebenso steht es um den Ersatz der aus III und IV abgeführten Wärme r und s, der nur über die Körper I und II, resp. über die Körper I, II und III erfolgen kann.

Der Ersatz q wandert also durch den Körper I, der Ersatz r durch die Körper I und II, und der Ersatz s durch die Körper I und II und III.

Da nun aber auch noch die Verquickung der Dampfwärmemengen mit denjenigen Wärmemengen, die aus den übertretenden Flüssigkeiten frei werden, beachtet werden muß, so ergibt sich hier eine Komplikation von Faktoren, über welche ein Ungeübter so leicht nicht Herr werden wird.

Das Einfachste ist: man tastet sich durch Probieren zum Ziele. Und dazu gehört Geduld, mehr als manchem gegeben ist!

Im folgenden finden wir das Resultat:

Körper I.

Seitens des Heizdampfes H, der durch eine Vorberechnung mit 23,8 kg bei 108° als der richtige gefunden wurde, werden $23{,}8 \cdot (607 + 0{,}3 \cdot 108)$ $= 23{,}8 \cdot 639{,}4 = $ . . . . 15 218 WE
in die Heizkammer I eingebracht, von denen sogleich $23{,}8 \cdot 108$ — . . . 2 570 WE
mit dem Kondenswasser K abfließen. Danach bleiben . . . . 12 648 WE•
im Körper I nutzbar. Sie durchwandern die Heizrohrwand und verdampfen aus der daselbst vorhandenen Flüssigkeit $F = 90$ kg von 100°

$$\frac{12\,648}{607 - 0{,}7 \cdot 100} = \frac{12\,648}{537} = 23{,}55 \text{ kg Wasser.}$$

Der erzeugte Dampf von 100° teilt sich beim Austritt aus dem Körper I; eine Partie $p = 7$ kg verläßt die Verdampfung mit $7 \cdot 537 \backsim 3760$ WE, die andere mit $(23{,}55 \backsim 7{,}00) \cdot 537 — 8888$ WE geht in die Heizkammer des Körpers II über.

Körper II.

Es kommen mit dem Dampfe aus Körper I . . . . 8 888 WE•
Ferner läßt die aus Körper I übertretende Flüssigkeit, welche um 23,55 kg vermindert, deren Quantum also auf $90{,}00 - 23{,}55 = 66{,}45$ kg gesunken ist, und deren Temperatur von 100° auf 91° zurückgeht, $66{,}45 \cdot (100 - 91)$ $= 66{,}45 \cdot 9$ WE frei . . . . 598 WE
so daß im Körper II wirksam sind . . . . 9 486 WE
Diese verdampfen aus 66,45 kg Flüssigkeit von 91°

$$\frac{9486}{607 - 0{,}7 \cdot 91} = \frac{9486}{543} = 17{,}47 \text{ kg Wasser.}$$

Der aus dem Körper II ausgehende Dampf von 91° teilt sich; die eine Partie $q = 3$ kg tritt aus der Verdampfung aus mit $3 \cdot 543 \backsim 1630$ WE, die andere mit $(17{,}47 - 3{,}00) \cdot 543 = 14{,}47 \cdot 543 = 7856$ WE geht in die Heizkammer des Körpers III über.

Körper III.

Es kommen mit dem Dampfe aus Körper II . . . . 7 856 WE•
Ferner läßt die aus dem Körper II übertretende Flüssigkeit von noch $66{,}45 - 17{,}47 = 48{,}98$ kg, deren Temperatur von 91° auf 80° herabsinkt, frei $48{,}98 \cdot (91 - 80) = 48{,}98 \cdot 11$ . . . . 539 WE
wonach im Körper III zusammen tätig sind . . . . 8 395 WE
Diese verdampfen aus 48,98 kg Flüssigkeit von 80°

$$\frac{8395}{607 - 0{,}7 \cdot 80} = \frac{8395}{551} = 15{,}24 \text{ kg Wasser}$$

Der den Körper III verlassende Dampf teilt sich; die eine Partie r mit $2 \cdot 551 \backsim 1100$ WE verläßt die Verdampfung, die andere mit $(15{,}24 - 2{,}00) \cdot 551$ $= 13{,}25 \cdot 551 = 7295$ WE geht in die Heizkammer des Körpers IV über.

Körper IV.

Es kommen mit dem Dampfe aus Körper III . . . . 7 295 WE•
Mit der Flüssigkeit kommen $(48{,}98 - 15{,}24) \cdot (80 - 65) = 33{,}74 \cdot 15$, da sich das Flüssigkeitsquantum um 15,24 kg vermindert und seine Temperatur um 15° sinkt . . . . 505 WE
wonach im Körper IV zusammen tätig sind . . . . 7 800 WE
Diese verdampfen aus 33,74 kg Flüssigkeit von 65°

$$\frac{7800}{607 - 0{,}7 \cdot 65} = \frac{7800}{562} = 13{,}90 \text{ kg Wasser.}$$

Der aus Körper IV ausgehende Dampf teilt sich; die eine Partie $s = 8$ kg mit $8 \cdot 562 = 4496$ WE scheidet aus der Verdampfung aus, der andere mit $(13,9 - 8,0) \cdot 562 - 5,9 \cdot 562 = 3304$ WE geht in den Kondensator, wenn auf seinem Wege dahin sich nicht noch andere Verwendung findet.

Es sind mit einem Aufwande von 23,8 kg Heizdampf von 108° verdampft $23,55 + 17,47 + 15,24 + 13,90 = \mathbf{70,16}$ **kg Wasser**, es bleiben unverdampft $90,00 - 70,16 = 19,84$ kg Flüssigkeit von 65°.

Da wir während der Verdampfung von ~ 70 kg Wasser einen Teil des Dampfes aus der Verdampfung herausgenommen haben (aus dem Körper I schon den zehnten Teil), statt ihn innerhalb derselben weiter wirken zu lassen, so werden wir in obigem Beispiele über den Mehrverbrauch an Heizdampf nicht verwundert sein. Wir verbrauchten für dieselbe Aufgabe einer Abdampfung von 70 kg Wasser aus 90 kg Flüssigkeit von 100° bei viermaliger Benutzung der Wärme 16,4 kg Heizdampf von 108°, in diesem Falle 23,8 kg!

Die Abgabe von Dampf nach außen aus dem Körper I bringt den größten Verlust und bedarf der Zugabe an Heizdampf am meisten; je näher am Ende der Reihe die Abgabe stattfindet, desto weniger Einfluß übt sie auf den Ersatz von Heizdampf aus. Die Zahl der Möglichkeiten, wie man dieses System ausnutzen kann, ist ja unendlich. Auch wo die Grenze der abzugebenden Dampfmengen liegt, läßt sich nicht so einfach bezeichnen, wie es scheinen möchte.

Wenn wir die letzte Aufgabe richtig behandelt haben, so müssen die Summen der eingeführten und ausgeführten Wärmemengen gleich sein. Sehen wir zu!

Es wurden in den Körper I eingeführt:

1. mit der Flüssigkeit $90 \cdot 100 = $ . . . . 9 000 WE
2. mit dem Heizdampfe $23,8 \cdot (607 + 0,3 \cdot 108) = 23,8 \cdot 639,4$ . . . . $\sim 15\,220$ WE

zusammen $\sim \underline{24\,220}$ WE

Es werden ausgeführt:

a) mit den Kondenswässern

        aus Körper   I: $23,8 \cdot 108 = $ . . . . 2570 WE (K_I)
        aus Körper II: $(23,55 - 7,00) \cdot 100 = $ . . . . . 1655 WE (K_{II})
        aus Körper III: $(17,47 - 3,00) \cdot 91 = $ . . . . . 1317 WE (K_{III})
        aus Körper IV: $(15,24 - 2,00) \cdot 80 = $ . . . . . $\underline{1059}$ WE (K_{IV})

$\sim 6\,600$ WE

b) mit den Dämpfen

        aus Körper   I: $7 \cdot (607 + 0,3 \cdot 100) = 7 \cdot 637$ . . . . $= 4459$
        aus Körper   II: $3 \cdot (607 + 0,3 \cdot 91) = 3 \cdot 634,3$ . . . . $= 1903$
        aus Körper III: $2 \cdot (607 + 0,3 \cdot 80) = 2 \cdot 631$ . . . . $= 1262$
        aus Körper IV: $8 \cdot (607 + 0,3 \cdot 65) = 8 \cdot 626,5$ . . . . $= 5012$
        aus Körper IV zum Kondensator $(13,9 - 8,0) \cdot 626,5 = \underline{3696}$

$\sim 16\,330$ WE

c) mit der Restflüssigkeit

        aus dem Körper IV: $19,84 \cdot 65 = $ . . . . $\underline{1\,290}$ WE

zusammen $\underline{24\,220}$ WE

Die Lösung der Aufgabe ist demnach richtig.

Die eben gelöste Aufgabe: Verdampfen innerhalb eines Verdampfungssystems und zugleich Abschicken von Dämpfen für Zwecke, die außerhalb des Systems liegen — wir nannten es „erweiterte Verdampfung" —, bildet den brauchbaren Inhalt der Patente des *N. Rillieux*.

Namentlich die Zuckerindustrie mit ihren ausgedehnten Anwärmestationen macht von diesen eigentümlichen Vergünstigungen den größten Gebrauch. —

Wir haben nun noch eine letzte Anordnung zu besprechen, die eigentlich als „Erweiterung der ‚erweiterten' Verdampfung" angesprochen werden müßte: eine Ergänzung der Methode *Rillieux*,

g) das System Greiner-Pauly,

welches wiederum für die Zuckerfabrikation, aus deren Bedarfe es entstand, von Wichtigkeit geworden ist.

Rillieux hatte in seinen ersten Plänen denjenigen Apparat, welcher für das letzte Abdampfen der Zuckersäfte und für die Kristallbildung aus denselben besonders bestimmt und konstruiert ist, den Kochapparat, das „Vakuum", dem letzten Körper der eigentlichen Verdampfung angereiht, oder sagen wir: er hatte diesen Kochapparat in seiner Verwendungsweise zum letzten Körper der Verdampfung gemacht.

Das war natürlich vollständig verfehlt, weil man in einem mit Dämpfen der niedrigsten Temperatur beschickten Gefäße nicht Kochungen von Säften ausführen konnte, die dem Kochen den größten Widerstand entgegensetzen.

Der Kochapparat wanderte dann in der Reihe nach vorn, der heißeren Zone zu; er wurde ein Anhängsel des Körpers I, d. h. er wurde mit Saftdämpfen aus dem Körper I beheizt. Das war der bedeutungsvolle erste Schritt in die neue Welt der „erweiterten Verdampfung"! Auch diese Vorschiebung in der Reihe hatte noch nicht den gewünschten Erfolg, er schwankte je nach der Temperatur dieser Saftdämpfe und blieb unsicher.

Die ganze Safteindickung war ja die geniale Erfindung der Verwertung der Wärme, die in den Abdämpfen aus den Dampfmaschinen gebunden war und verloren blieb — die Verwertung der Wärme bei fallenden Temperaturen bis zur praktischen Grenze herab unter Anwendung der Luftpumpe. Bei dieser durchaus richtigen Auffassung, den Abdampf der Maschinen als solchen auszunutzen, dachte man gar nicht daran, seine Spannung höher zu treiben, als sie von Natur war: etwas über den Atmosphärendruck, und damit lagen also auch die Temperaturen der Säfte, lange nur in zwei Stufen bis zur Kondensation, tief genug.

Erst die Erkenntnis der Vorteile der dreistufigen Abdampfung bei dreimaliger Benutzung der Wärme nahm eine notwendige kleine Erhöhung der Abdampfspannung in den Kauf, und der spätere Vierkörperapparat setzte die Spannung des Abdampfes (durch *Jelinek*) auf einen Überdruck von $1/_2$ Atmosphäre fest, entsprechend einer Temperatur von 112°.

Da waren die Zeiten des sozusagen spannungslosen Maschinenabdampfes vorbei. Der Maschinenabdampf wurde ein wichtiger Faktor im Betriebe, man rechnete mit ihm, und man wurde sich endlich bewußt, daß er ein Wertstück war, und daß man ihn hübsch zusammenhalten mußte, wie den direkten Kesseldampf.

Trotzdem bei diesen Entwickelungsphasen die Temperaturen der Saftdämpfe gestiegen waren, blieben doch die Versuche, für die Kochstation die zwei- oder gar mehrmalige Benutzung der Wärme durchzudrücken, so gut wie erfolglos. Und so war es denn kein Wunder, daß für die Vakuumbeheizung ein Verdampfkörper in die Erscheinung trat — der „Vorkocher",

„Saftkocher" usw. — —, der mit höher temperiertem, gedrosseltem direkten Dampfe beheizt wurde, um nun seinerseits wieder Saftdämpfe aus sich herauszuschicken, die dem Bedarfe des Kochens im Vakuum voll genügten.

Es entstand so ein neues, besonderes Verdampfsystem neben dem bisherigen, ein Zwei-Stufen-Apparat, bei welchem der Körper I ein Verdampfer, der Körper II ein Kochapparat war. Er nahm insofern eine eigenartige Stellung ein dadurch, daß in ihm die Abdampfung des Saftes nur so weit getrieben wurde, als Saftdampf zur Beheizung des Vakuums nötig war; er gab also nicht an einen eigentlichen Verdampfkörper Saftdampf weiter ab, er blieb nur mit der Verdampfstation insoweit im Zusammenhange, als der Saft von ihm aus in die Verdampfung übertrat.

Durch die Mitbenutzung direkten Dampfes für die Abdampfung der Säfte wurde natürlich die Menge des Maschinen-Verbrauch- und Abdampfes eingeschränkt — relativ, denn zu gleicher Zeit kam die allgemein einsetzende Vergrößerung des Tagesquantums an verarbeiteten Rüben der ganzen Umwälzung der Verhältnisse zustatten, und wir wollen nicht vergessen, daß auch die Maschinen bauenden Ingenieure ihr Teil zur Anpassung an die neuen Anforderungen durch verständige Verbesserungen beigetragen haben.

Das System *Rillieux* und ebenso das *Greiner-Pauly* — beide haben ihren Ursprung wie ihr Verwendungsgebiet in der Zuckerindustrie gefunden und haben kaum ein Allgemeininteresse.

Wir haben ein Beispiel aus dem ersteren rechnerisch durchgeführt, und wollen das auch für ein Beispiel aus dem anderen tun, aber erst, nachdem wir das für das ganze Gebiet Wissensnotwendige in uns aufgenommen haben werden.

IV. Die Verdampfstation.

Jeder einzelne Verdampfkörper einer Reihe ist in seiner Leistung abhängig von der Leistung seines Vorgängers und ebenso von der Leistungsfähigkeit seines Nachfolgers. Als Vorgänger des ersten Körpers ist, unmittelbar oder mittelbar beeinflussend, der Dampferzeuger, der Dampfkessel anzusehen; als Nachfolger des letzten der Kondensator, auch wenn dieser nicht unterhalb des Atmosphärendruckes arbeiten sollte. Von seinem Vorgänger empfängt er Wärme, an seinen Nachfolger gibt er Wärme ab.

Jeder Körper hat einen ganz bestimmten Teil der Gesamtleistung zu vollziehen. Wenn wir also mit einer gewissen Wärmemenge, die wir dem ersten Körper zuführen, abzüglich einer anderen gewissen Wärmemenge, die wir aus dem letzten Körper entlassen, eine bestimmte Leistung verrichten, so ist auch die Einzelleistung eines jeden Körpers festgelegt, selbstverständlich unter Einrechnung aller Sonderheiten, von denen wir schon eine in der Abgabe von Wärme aus einzelnen Körpern für Zwecke, die außerhalb der eigentlichen Verdampfung liegen, kennengelernt haben. Wie ist es nun aber möglich — so fragt wohl mancher —, daß bei der oft ganz krausen Zusammensetzung einer Reihe von großen und kleinen Körpern, wie sie der Zufall oft genug zusammenträgt, ein so fest vorgeschriebenes Programm durchgeführt werden kann? Ja, wenn uns die allsorgende Natur nicht ihre Hilfe zuteil werden lassen wollte, so würden wir freilich - angesichts der tausend Schwierigkeiten, die uns in mancherlei Gestalt entgegenstehen — niemals imstande sein, das Richtige, das allein Richtige zu treffen. Aber sie hilft uns, und zwar mit der Verschiebung der Temperatur-Differenzen: wo sich eine Einzelleistung zu klein erweisen will, da schickt sie eine größere Temperatur-Differenz hin, und wo sich eine Mehrleistung zu entwickeln droht, da verringert sie die Differenz — immer zu Lasten oder zugunsten der Differenzen in den anderen Körpern innerhalb der Gesamt-Temperatur-Differenz zwischen Heizdampf und Kondensator-Brüden.

Und wenn auch das unter Umständen mal nicht reicht oder etwa zu viel wird, da gebietet sie wohl auch dem Apparat-Führer, das Handrad des Dampfventils ein wenig links- oder rechtsherum zu drehen, das Wasserventil am Kondensator mehr zu öffnen oder zu schließen, oder den Gang der Luftpumpe etwas zu beschleunigen oder zu verzögern; mit einem Worte: Das Gesamt-Temperatur-Gefälle nach links oder rechts hin zu erweitern oder zu verkleinern.

Wäre die Selbsteinstellung der richtigen Temperatur-Differenzen nicht, die allein das Richtige zu treffen imstande ist, und müßten wir die Möglichkeit einer Einstellung der Gesamt-Temperatur-Differenz entbehren, so wären wir unfähig, irgendeiner Aufgabe die allein richtige Lösung zu geben.

Nicht ist es also die genaueste Innehaltung der Größenverhältnisse der Körper unter sich — die wir nicht ergründen können —, sondern die genügende Größe der Summe aller Körper, zugleich in Rücksicht auf das System der ein- oder mehrmaligen Benutzung der Wärme.

Wenn wir uns also auch mit einer Annäherung genügen lassen müssen, so entbindet uns das nicht von der Pflicht, nach bestem Können der Erkenntnis Genüge zu tun. Unser Streben muß immer bleiben, die Größen der Körper — soll immer heißen: die Größen der Heizflächen oder die Wärme-Übertragungsfähigkeit — so zu bemessen, daß sprunghafte Temperatur-Unterschiede vermieden werden!

Wir steuern nun der reellen Verdampfung zu und lassen nach und nach alle die Vorhalte schwinden, die wir machten, als wir uns in der ideellen Verdampfung mit dem Wesen der Verdampfung vertraut machen wollten.

Jeder Kräfte-Umsatz, und also jeder Wärme-Umsatz, bringt Verluste. Das wissen wir, denn wir sind über das Zeitalter des perpetuum mobile hinausgewachsen. Wir müssen sie kennenlernen, wenn wir sie einschätzen wollen – nach Möglichkeit und soweit es nützlich scheinen mag.

V. Die reelle Verdampfung.

Im Abschnitt „Die ideelle Verdampfung" hatten wir uns eine unendlich dünne, in ihrer Eigenschaft Wärme aufzunehmen und abzugeben unbegrenzt gedachte, nur zur Scheidung von Dampf und Flüssigkeit errichtete Wandung vorgestellt. Wir treten nun in die Welt der Wirklichkeit ein und finden Rohrwände von verschiedener, aber eng begrenzter Stärke aus Kupfer, Messing, Stahl. Die Leitungsfähigkeit dieser genannten gängigen Metalle überragt das, was man in der Verdampfung verlangt, um das zehn- bis zwanzigfache, und es ist ganz zwecklos und überflüssig, über Unterschiede zwischen ihnen zu streiten.

a) Der Übergang der Wärme aus dem Dampfe in das Rohrmaterial wird gestört durch die unvermeidliche Schicht von Wasser, das sich bei der Kondensation des Dampfes in feinsten Teilchen auf die Rohrfläche niederschlägt. Bei Vermehrung dieser Teilchen bilden sich Tropfen, die sich, wenn ihre Schwere die Adhäsion überwindet, ablösen und den Weg nach unten nehmen.

Bei den liegenden Apparaten sammeln sich die von den Innenwänden der Rohre abgleitenden oder abrollenden Tropfen an der tiefsten Stelle der Innen-Rundung, aus der sie nach einem Ende der Rohre zu, in den *Jelinek*-Apparaten durch den Heizdampfstrom beschleunigt abfließen. Ob die von *Jelinek* beabsichtigte Dampfgeschwindigkeit bis an das Ende der letzten Rohrbündel trotz der Beschränkung der Rohrzahl und der damit verbundenen Verkleinerung des Querschnittes so weit aushält, daß die Rohrflächen von Wasser frei gehalten werden, ist zwar fraglich, jedoch ist wohl anzunehmen, daß sich Wassersträhne, wie in den *Rillieux*-Apparaten, nicht bilden können. Damit hätte *Jelinek* die Schädlichkeit einer Wasserbedeckung der Heizflächen beseitigt, oder wenigstens beschränkt.

Bei den stehenden Apparaten ist es die äußere Rohrwand, auf welcher sich der Niederschlag bildet. Das Wasser fließt ab und vermehrt sich im Abfließen. Ist die Abflußgeschwindigkeit annähernd gleichmäßig, so verdickt sich die Wasserschicht, indem sich der Zufluß teleskopähnlich über die vorhandene Schicht hinwegschiebt; erfährt der Abfluß eine Beschleunigung, so wird unter Umständen eine Zunahme der Schichtdicke nicht vorhanden sein. Wie groß ist überhaupt die Geschwindigkeit des Abfallens, Abschiebens, Abrollens, Abgleitens? Wenn sich eine geschlossene Schicht bilden würde, wie manche annehmen, so würde die unmittelbar an der Heizwand hinabgleitende Haut, wenn sie auch ihre Teilchen unter sich fortwährend wechselt, am langsamsten fließen, andere Teilchen würden über diese hinwegeilen, und die letzten, da sie nur durch die geringste Reibung aufgehalten sind, würden am schnellsten am Ziele, auf dem Boden der Heizkammer ankommen. Je nach der Geschwindigkeit ergibt sich also die Dicke der Schicht, gleichviel, für welches Quantum. Es ist doch wohl sehr unwahrscheinlich, daß sich das Niedergehen des Kondenswassers an den Wandungen der stehenden Rohre ganz regelmäßig und ungestört vollzieht[1]. Nicht nur, daß die Metallfläche — ob rein oder irgendwie unrein — nicht an allen Stellen gleich geneigt ist, Wasser anzunehmen; es sind auch äußere Einflüsse, wie z. B. Dampfströmungen und dauernde Vibrationen der Apparate, welche die Regelmäßigkeit und Gleichmäßigkeit störend beeinflussen. Wie weit das geht, und wie sich das äußert — wer weiß es? Man denke an „beschlagene" Fensterscheiben!

Bei den 7 m hohen Röhren des *Kestner*-Apparates würde eine regelrechte Umhüllung der äußeren Rückwände durch Kondenswasser bei weitem, namentlich am unteren Ende, am dicksten ausfallen und die Wärme-Übertragung des Dampfes auf die Rohre zumeist schädigen; aber gerade diese Konstruktion zeigt den regsten Wärme-Austausch, und daraus darf man wohl schließen, daß entweder der „Dampfmantel" in geschlossener Form nicht existiert, oder daß sein Einfluß ganz belanglos ist.

In der Tat ist in der Praxis auf der Dampfseite der Rohre noch keine Grenze für die Wärme-Übertragung bekannt geworden.

Der Heizdampf, sei er Kesseldampf oder Maschinenabdampf, oder sei er Flüssigkeitsdampf, also jeder Heizdampf, von dem man annehmen muß, daß er eine Rohrleitung passiert hat, erfährt am Orte seiner Bestimmung, in der Heizkammer, eine Ausdehnung: er ist also „überhitzt". Im allgemeinen wohl sehr wenig, aber er ist es! Je weiter und bequemer die Wege vom Ursprung des Dampfes bis zu seiner Verwendung sind, je weniger Spannung der Dampf zu seiner Fortbewegung haben mußte, desto geringer wird die Entspannung und die Überhitzung ausfallen.

Das geringe Maß, was dieser Dampf über die entsprechende Temperatur des gesättigten Dampfes hinaus besitzt, muß er loswerden, sonst ist er für die Abgabe von Wärme nicht mehr wert wie jedes gleich heiße Gas. Diese „Über"wärme des überhitzten Dampfes — sie kann ja nicht verschwinden! — geht an irgendwelche zugängliche Materie über, und kommt, soweit sie nicht durch die Gefäßwand nach außen geführt wird — man sagt: nach außen „verloren" geht, was nur zum Teil wahr ist — der Verdampfung zugute, indem sie den Heizdampf vor seiner Abkühlung schützt[2]. Man muß sich den Heizdampf dabei in einem Stadium vorstellen, wo sich bereits Wasserteilchen zu bilden und auszuscheiden beginnen.

Die Erfahrung lehrt, daß eine derartige Verwertung von Überhitzungswärme in der Verdampfung sehr bald ihr Ende findet. Je mehr überhitzter Dampf den Raum erfüllt, desto merklicher läßt die Kondensation nach und die Verdampfung geht dementsprechend zurück.

---

[1] Centralbl. f. d. Zuckerind. 1911, Nr. 46 ff.

[2] *Claassen:* Über die Verwendung des überhitzten Dampfes zur Verdampfung. Centralbl. f. d. Zuckerind. 1911, Nr. 38.

Aber nicht nur der sich abkühlende Dampf, auch das bereits ausgeschiedene, durch Wärme-Abgabe gebildete Kondenswasser vermag noch von der Überwärme des sog. überhitzten Dampfes zu profitieren. Man denke nur daran, daß der Temperaturabfall der heizenden Materie herabreicht bis auf die Temperatur der beheizten Flüssigkeit, so wird man erkennen, daß das Kondenswasser, welches in statu nascendi die Temperatur des Dampfes hat, noch von seiner Wärme an die kühlere Flüssigkeit abgeben muß. Und diese Abgabe von Wärme kann ersetzt werden, oder mag zum Teil ersetzt werden, durch die Mehr-Wärme, welche der überhitzte Dampf frei gibt.

Diese kleinen Wärme-Verschiebungen zu verfolgen, ist gewiß nicht uninteressant, ihr Einfluß aber bleibt nichtig, so daß wir ihn rechnerisch zu beachten nicht nötig haben.

Die Temperatur des ausfließenden Kondenswassers wird immer zwischen der des Heizdampfes und der der beheizten Flüssigkeit liegen[1], wird sich aber stets der des Heizdampfes nähern, da das Kondenswasser in unmittelbarer inniger Berührung mit dem Heizdampfe bleibt, mit dessen Wärme es sich laufend ergänzen kann, während zwischen Kondenswasser und kochender Flüssigkeit nur ein Wärme-Austausch durch die Rohrwand stattfindet.

Wir müssen noch einer leidigen Eigenschaft der Dämpfe, die wir zu Heizzwecken benutzen, gedenken: sie sind nicht rein. Nicht einmal der direkte Kesseldampf, noch weniger der Maschinenabdampf ist von gasigen oder öligen Beimischungen frei, und der Flüssigkeitsdampf ist oft genug derartig mit unkondensierbaren Beimischungen durchsetzt, daß besondere Maßnahmen getroffen werden müssen, um die Verdampfung auf der Höhe zu halten.

Wie durch Beimengung von überhitztem Dampfe die Verdampfungstätigkeit des gesättigten Dampfes beeinträchtigt wird, so geschieht es auch durch Gegenwart von Gasen, die sich in der Heizkammer mit den Dämpfen mischen. Aber während der überhitzte Dampf einfach dadurch seine störende Eigenschaft verliert, daß er seine Zuviel-Wärme an seine Umgebung übergehen läßt, bleibt das Gas dasselbe und erträgt alle Temperatur-Veränderungen, ohne seinen Aggregatzustand zu wechseln. Wir können die Gase also weder umformen noch aus dem Dampfe ausscheiden. Demnach bleibt uns nichts weiter übrig, als sie in dem Maße aus der Heizkammer auszutreiben, wie ihr Vorhandensein die Wärme-Übertragung stört.

Wir behalten also immer ein Gemisch von Dampf und Gas zurück und können nur dafür sorgen, daß der Gehalt an Gas im Dampfe beschränkt bleibt. Dieses Austreiben der Gase, da mit dem Gas ein Vielfaches von Dampf mit entfernt wird, bedeutet einen wirklichen Verlust.

Man sucht im Mehr-Körper-Apparate die Wärme dieses Begleitdampfes noch möglichst weit dadurch nutzbar zu machen, daß man das ausgestoßene Gemisch in den Flüssigkeitsdampf desselben Körpers oder — was dasselbe ist — direkt in die Heizkammer des folgenden Körpers überführt. Das ist ökonomisch und auch durchführbar, solange die Summe der Gase, die sich in

---

[1]) Siehe schon früher: „Eine wichtige Zwischenbemerkung."

einer der folgenden resp. in der Kammer des letzten Körpers zusammenfindet, nicht einen Zustand hervorruft, den man eben vermeiden wollte: das Zuviel von Gasen.

Aus der Heizkammer des letzten Körpers, wenn es nicht schon früher nötig wird, wird das ausgehende Gemisch in den Kondensator, an den Ort des niedrigsten Druckes geführt und damit der Luftpumpe übergeben.

Die Menge und Art der Gase ist in allen Industrien, die sich der Abdampfung von Lösungen bedienen, sehr verschieden (in der Zuckerindustrie ist sie hauptsächlich von der Qualität der verarbeiteten Rüben abhängig). Daher kann von einem allgemeingültigen Gesetze für die Ableitung solcher Gase keine Rede sein.

Wie vorher im Materiale der Rohre, so findet sich auch im Dampfe selbst keine Grenze für die Wärme-Übertragung. Auch niedrig temperierter Dampf, also Dampf, bei dem man ein enges Zusammenliegen der Moleküle nicht mehr annehmen kann, kondensiert unter gegebenen Bedingungen flott. Die Temperatur scheint — wenigstens innerhalb der Grenzen, in denen wir uns in praxi zu halten pflegen — ohne Einfluß zu sein.

b) Der Übergang der Wärme von dem Rohrmaterial in die Flüssigkeit gibt die meisten Rätsel auf. Im Streite der Erscheinungen gegeneinander finden wir hier auf der Flüssigkeitsseite die Grenzen der Wärme-Übertragung. Hier herrscht der Geist, der stets verneint. Während man im Begriffe ist, das Kochen der Flüssigkeit mit allen Mitteln zu fördern, da erwachen auch schon die Gegner und binden die Hände: bis hierher und nicht weiter! Je mehr die unmittelbarste Berührung der abzudampfenden Flüssigkeit mit der Heizfläche gelingen möchte — einen Augenblick, und die sogleich entstandenen Dampfbläschen drängen sich dazwischen und werfen die angelehnten Schichten mit Ungestüm zurück. Es ist unmöglich, eine ständige Verbindung von Heizwand und Flüssigkeit aufrechtzuerhalten.

Wenn auf der ganzen Heizfläche dicht besetzt nebeneinander Dampfblasen entständen, so würde — ein Widerspruch in sich — die Flüssigkeit mit der Heizwand überhaupt nicht und nie in Berührung kommen. Das wäre ein schlimmer Zustand, denn die Dampfblasen sind schlechte Wärmeleiter!

Aber dieser Nonsens besteht nicht. Vielmehr hat die Heizfläche immer nur Punkte, auf denen Dampfblasen entstehen, und diese Punkte wechseln und wandern. Es ist, als ob sich die Wärme eines kleinen Flächenteiles sammelte, um von einem Konzentrationspunkte aus einen Vorstoß gegen das straffe Zusammenhalten der Flüssigkeitsteilchen zu unternehmen; ist das gelungen und hat das eine kurze Zeit gedauert, hat sie die Flüssigkeitsteilchen gesprengt, so ist die angesammelte Kraft erschöpft, verausgabt und es tritt eine andere Stelle mit neuer Energie in Tätigkeit. So wechseln in kurzen Perioden Orte, die mit Flüssigkeit benetzt sind, mit solchen, auf denen Dampfblasen entstehen, an denen die Flüssigkeit von der Berührung mit der Heizfläche abgehalten wird.

Es ist auch nicht anzunehmen, daß die entstandenen Dampfblasen bei ihrem Auftrieb an der Heizwand entlangschleichen; sie werden sich vielmehr, von ihren Nachfolgern gestoßen und getrieben, von der Wand entfernen und mit anderen aus tieferer Schicht im bunten Trubel mischen. — Eine Hypothese!

Es ist keine Frage, daß die liegenden Heizflächen der horizontalen Apparate am meisten unter der Ansammlung von Dampfblasen leiden. Diese haben zu wenig Anregung, sich von der Heizfläche abzuheben und finden zu viele Hindernisse gegen das freie Austreten. Da hilft der größere Flüssigkeitsspiegel gar nichts. Alle Blasen stoßen an die Unterseite der Rohre, viele verweilen bei der Entscheidung, ob nach rechts oder nach links hin der Auftrieb günstiger wird.

Anders in den Rohren der stehenden Apparate. Da ist die Bahn nach oben frei. Freilich häufen sich die Blasen im engen Gehäuse der Rohre, und eine geschlossene Flüssigkeit gibt es nicht mehr; es ist nur noch ein Gemisch von Blasen und Flüssigkeit, aber desto lebhafter ist der Wechsel beider an den Wandungen.

Dieser heftige Auftrieb ist zu verschiedenen Zeiten auch verschieden angesehen und genutzt. Als man sich noch an der zweimaligen Benutzung der Wärme genügen ließ — wir haben schon einmal davon gesprochen —, als man also noch mit recht großem Temperaturgefälle zwischen Dampf und kochender Flüssigkeit arbeitete, war die Erscheinung des Kochens eine andere als jetzt: es wurden bei der Heftigkeit des Kochens ganze Fladen der Flüssigkeit aus den Rohren in die Höhe geschleudert, die nicht in die Rohre zurückfließen konnten, sondern nach der Mitte zu in das Zirkulationsrohr, oder nach der Peripherie hin in den Zirkulationsring abziehen mußten. Damit entstand eine lebhafte Bewegung: die schweren, von Dampfblasen befreiten Flüssigkeitsteile im Zirkulationsraume fielen schnell nach unten ab und hoben an anderer Stelle die in den Röhren befindlichen blasendurchsetzten Teile in die Höhe, wobei die von neuentstehendem Dampfe ausgeworfen wurden. Ein sich fort und fort erneuerndes Spiel, der lebhafte Umlauf der Flüssigkeit, in den Heizrohren nach oben, in den Zirkulationsabteilen nach unten. Dieses oft unbändige Auswerfen von Flüssigkeit hatte gewiß den Nachteil, daß feinste Teilchen der Flüssigkeit mit dem Flüssigkeitsdampfe mit fortgeführt — „fortgerissen" ist wohl zuviel gesagt — wurden, daß auch bei der Erlösung von allem Drucke die Spritzeln selbst eine lebhafte Abdampfung erfuhren und Flüssigkeitsteilchen abschleuderten, die denselben Weg nahmen; aber wenn man sich damals zu einer entsprechenden Erhöhung der Steigräume entschlossen hätte, so wäre wohl diesem Übelstande beizukommen gewesen. Andere Mittel und Mittelchen sind versucht, aber dieses einfachste nicht.

Abgesehen von diesem sichtlichen Mangel war dieser Zustand keineswegs fehlerhaft, die Methode war ganz korrekt. Gab es doch sogar Leute, die darauf hinausgingen, die heißen Säfte in feinen Strahlen zu verspritzen, um ihnen viel freie Abdampffläche zu verschaffen!

Mit der Mehrteilung des gesamten Temperaturgefälles wurden die Temperaturstufen in den einzelnen Körpern geringer und damit hörte das heftige Auswerfen der Flüssigkeit aus den Röhren auf, und nun setzte — jetzt erst mit Recht! — die Berieselung von unten ein, von *Claassen* methodisch geregelt, um den hohen Saftstand zu beseitigen.

Damit ging aber auch wieder der Umlauf, der ein gutes Durchmischen der Flüssigkeit zur Folge hatte, zurück — ein neuer Krieg von Errungenschaft gegen Errungenschaft! Der große Vorteil aus der mehrmaligen Benutzung der Wärme hat aber alle diese kleineren Fragen zum Schweigen gebracht.

Eine von diesen ist auch die folgende:

Jelinek hat behauptet (und *Claassen* hat sich seiner Meinung angeschlossen), daß an den tiefer liegenden Rohrflächen ein Kochen, ein Erscheinen von Dampfblasen, nicht stattfände, daß diese untersten Rohrflächen nur zum Wieder-Anwärmen der oben abgekühlten, nach unten zurückgekehrten Flüssigkeitsteile dienten. Freilich liegt es in der Natur der Sache, daß an der Oberfläche Wärme abgegeben wird und daß die unten angekommene Flüssigkeit, die zum Kochen eine höhere Temperatur nötig hat als die obere, wieder eines Wärmezuschusses bedarf; es fragt sich nur, ob dieser Abgang vom Heizdampfe gedeckt werden muß.

Wir haben uns zurückzudenken in den Vorgang der Verdampfung: In jedem Körper verdampft ein Teil der Flüssigkeit und dieser verdampfte Teil wird ersetzt aus dem vorhergehenden Körper, dessen kochende Flüssigkeit unter höherer Temperatur steht. Die einströmende heißere Flüssigkeitsmenge bringt also eine Wärmemenge mit, die ein Kochen — auch ohne Wärmezuschuß von seiten des Heizdampfes! — so lange aufrecht erhält, bis diese Mehr-Wärme verbraucht und die Temperatur der Flüssigkeit bis auf die Siedetemperatur in dem Körper herabgesunken ist.

(Nur im ersten Körper einer Reihe ist die zugezogene Flüssigkeit meistens nicht nur nicht höher temperiert, sondern es muß im Körper noch oft genug eine Nachwärmung der Flüssigkeit vorgenommen werden — selbstverständlich in diesem Falle auf Kosten des Heizdampfes und unter Berücksichtigung der Heizflächengröße —, damit die Siedetemperatur erreicht wird. Alles das ist bei der Besprechung der ideellen Verdampfung bereits erwähnt.)

Diese von der eintretenden Flüssigkeit mitgebrachte Wärmemenge ist stets mehr als ein Ersatz für diejenige Wärmemenge, welche nötig wäre, um die gesunkene, etwas abgekühlte Flüssigkeit wieder nachzuwärmen. Man kann das viel einfacher ausdrücken: Die beim Umlauf unten angekommene Flüssigkeit mischt sich mit der neu eingezogenen heißeren Flüssigkeit zu einer Gesamtmenge, deren Temperatur eher über, als unter der verlangten liegt, bei der das Kochen auch an den untersten Heizflächen stattfinden muß — sagen wir: stattfinden müßte. Die Bedingung für das „stattfinden muß" ist die Kontinuität des Zuflusses und die Mischung der einfließenden heißeren Flüssigkeit mit der vorhandenen kühleren. Die Bedingung des kontinuierlichen Fließens wird nicht immer, und die der Untermischung der eintretenden mit der vorhandenen Flüssigkeit nur sehr selten[1]

---

[1] Die Zuckerfabrik Zur Rast (Dir. *Hildebrand*) bedient sich in jedem Körper einer Mischdüse, die (ursprünglich für Vakuen) von *Faber* und *Greiner* erfunden und auch mehrfach ausgeführt wurde. Sie sind alle noch in bewährter Tätigkeit.

erfüllt. Jedermann weiß, daß sich an der Stelle, wo das Flüssigkeits-Einlaßrohr (Einziehrohr) in den Körper einmündet, eine auffallend starke Dampfentwicklung bemerkbar macht; wozu dieser übermäßige Wärme-Austausch an dieser einzigen Stelle? Es fehlt also nur an der guten Verteilung des Quantums, und dieser Mangel ist es, daß es hier einen zu starken, an anderen Orten einen zu geringen Wärme-Umsatz gibt; und daher auch die Beobachtung, daß die Flüssigkeit an den untersten Partien der Heizrohre nicht heiß genug ist, um zu kochen; nur wird verschwiegen, daß an anderen Stellen ein Übermaß vorhanden ist.

In den rechnerischen Beispielen, die wir in der ideellen Verdampfung behandelten, sind diese mit der eingezogenen oder eingetretenen Flüssigkeit eingebrachten Wärmemengen als freigegebene bezeichnet und zur Verdampfung beitragend in Rechnung gebracht; sie sind gekennzeichnet als solche, die die Heizrohrwände nicht passieren. Und so handelt es sich denn bei dieser Betrachtung wieder gar nicht um einen Verlust oder um die Größe eines Verlustes an Wärme, noch nicht einmal um ein Stückchen Heizfläche, sondern nur um die Erklärung einer Erscheinung, die nach ihrer Beschreibung den Eindruck macht, als ginge Wärme verloren, wenn die untere Partie der Heizfläche keine Dampfblasen hervorbringt. Es ist vielmehr ganz gleichgültig, ob die mit der Flüssigkeit eingebrachte Wärmemenge andere Flüssigkeit anwärmt oder aus der Flüssigkeit Dampf erzeugt, oder schließlich direkt den Flüssigkeitsdampf vermehrt — das sind nur lokale Verschiebungen — die nutzbare Verwertung ist in allen Fällen dieselbe. Es zeigt sich hier wieder, wie kompliziert die Vorgänge der Verdampfung in Wahrheit sind. --

Auch der Belag von gewissen Ausscheidungen aus den Lösungen, die zur Abdampfung kommen, beeinflußt die Wärme-Übertragung von den Heizflächen in die Flüssigkeit; zuweilen, wenn eine dünne harte Bekrustung die Metallfläche deckt, gar nicht ungünstig; meistens aber ungünstig und um so mehr, je loser und schwammiger die Decke ist.

Es sind kleine Unebenheiten in dem festen gipshaltigen Belage, welche die Dampfblasenbildung erleichtern. Solche fehlen den unter starker Pressung gezogenen glatten Metallröhren (und den Eisen- oder Stahl-Blechen der Dampfkessel). Kleine, aus der Ebene heraustretende Körnchen sind die Orte für die ununterbrochene Bildung von Dampfblasen, die sich leicht ablösen und die bekannten Perlenschnüre bilden, während auf einer glatten Fläche diese Orte wechseln, als suche die Wärme eine Gelegenheit, am leichtesten in die Flüssigkeit hinüberzugelangen. Wenn wegen des Verdickens der Bekrustungen bis zur Störung der Wärme-Übertragung nicht immer mal eine Reinigung der Rohrwände nötig wäre, so würde man mit großem Erfolge die von Flüssigkeit berührte Seite der Heizrohre mit etwas nach oben gerichteten kurzen Dornen besetzen, die der Überleitung der Wärme (wie der Blitzableiter zum Ausgleich der entgegengesetzten Elektrizität zwischen Erde und Gewölke) Vorschub leisten. Leider würden die Rohrflächen für Bürsten und Kratzer dadurch unbefahrbar werden.

Bei den *Jelinek*-Verdampfern müssen die Rohre, nachdem die Stopfbüchsen gelockert sind, herausgezogen werden. Die Reinigung der bekrusteten Flächen — in diesem Falle der Außenflächen — ist immerhin, wenn auch durch handliche Werkzeuge und sonstige Vorrichtungen erleichert, eine mühevolle Arbeit; und nicht minder das Wieder-Einschieben der langen dünnen Rohre und das Einsetzen der Stopfbüchsen-Dichtungsringe, alter und neuer!

Jedenfalls ist dagegen das Reinigen der Innenflächen der stehenden Rohre, für welches ebenfalls besondere Instrumente aller Art erfunden sind, leichter, schon einfach dadurch, daß alle Rohre in ihrer festen Lagerung verbleiben.

Der mechanischen Reinigung geht fast immer ein Auskochen der Apparate mit schwachen Säuren voraus, wird sogar oft zur Hauptsache.

Wie oft diese Reinigung vorgenommen werden muß, hängt selbstverständlich ganz von der Menge und der Art der sich bildenden Niederschläge ab. Die Erfahrung wird die Antwort geben.

c) Widerstände gegen das Abdampfen. In den eben geschlossenen, der reellen Verdampfung gewidmeten Kapiteln a) und b) verfolgten wir den Weg der Wärme aus dem Heizdampfe durch die Rohrwandung in die abzudampfende Flüssigkeit und erkannten darin gewisse Beschränkungen der Wärme-Übertragung; in diesem Teile c) beschäftigen wir uns mit der Teilung der im Heizdampfe gegebenen Wärme, in solche, die der Verdampfung selbst unmittelbar nützlich ist, und in solche, die — zwar nicht verloren geht, aber — Arbeit verrichten muß, um der Verdampfung entgegenstehende Hindernisse zu beseitigen, also der Verdampfung nur auf Umwegen dient.

In den verschiedenen Industrien wird es kaum eine abzudampfende wässerige Lösung geben, die sich zu solchen Betrachtungen besser eignete, als die Rübensäfte unserer Zuckerindustrie, sowohl was die Änderung der spez. Gewichte, als auch die Abnahme der Fließfähigkeit während des Abdampfens betrifft.

Und, um uns nicht in tausend Möglichkeiten zu verlieren, wählen wir wieder einen konkreten Fall, und kehren zu dem Beispiele zurück, welches wir in der „erweiterten Verdampfung" durchgesprochen haben. Wir finden da eine Verdampfung in 4 Körpern bei viermaliger Benutzung der Wärme und mit Saftdampf-Abzweigungen unter folgenden Bedingungen:

In den Körpern	I	II	III	IV
herrschen Spannungen — in Atm. ausgedrückt —	1,00	0,72	0,46	0,24
Siedetemperatur für Wasseroberflächenteile	100	91	80	65
Heizdampftemperaturen	108	100	91	80
Temperaturgefälle	8	9	11	15
α) Wir denken uns nun die Körper mit Zuckersäften beschickt, und zwar (nach *Claassens* Angaben) von der Oberkante des unteren Rohrbodens in der Ebene F, von wo aus die Rohre mit Heizdampf umgeben sind, in Höhe h von — m — . . .	0,45	0,40	0,35	0,30

In den Körpern	I	II	III	IV
und merken, daß die Säfte gemäß dem im Beispiele gegebenen Abdampfungen die Grade Bx von	13	17	24	35
während der Abdampfung auf . . .	17	24	35	58
gestiegen sind, wobei sich ihr spez. Gewicht auf abger.	1,07	1,1	1,15	1,28
gehoben hat, so ergibt sich ein Druck dieser Saftsäulen — wieder in Atm. ausgedruckt — von	$\frac{0,45}{10,3} \cdot 1,07$	$\frac{0,40}{10,3} \cdot 1,1$	$\frac{0,35}{10,3} \cdot 1,15$	$\frac{0,30}{10,3} \cdot 1,28$
(wobei 10,3 m die Wassersäule des Atmospharendruckes ist) . . . . =	0,047	0,043	0,040	0,037
woraus sich für den Saft in der Ebene F eine Siedepunkterhöhung ergibt von — in ° —	1,3	1,6	2,1	3,4
β) Rechnen wir an dieser Stelle einen Zuwachs hinzu, den wir beim Kapitel „Dampf-Geschwindigkeiten" als „Stauungsdruck" kennenlernen werden — in ° — mit	0,3	0,5	1,1	2,6
so ergeben sich als Siedepunkt-Erhöhungen	1,6	2,1	3,2	6,0

Mit den beiden Posten α und β sind Erschwerungen des Kochens aufgeführt, die man als von „äußeren Kräften" veranlaßt bezeichnen kann; es wirken hier aber auch noch andere, welche von „inneren Kräften" herrühren, das sind Molekularkräfte, in der Eigenschaft der Moleküle begründet, sich nicht nur unter sich, sondern auch, sich mit anderen Materien fest zusammenzuschließen: Kohäsion und Adhäsion, und — als Konsequenz derselben — die Viskosität, die Schwerflüssigkeit. Kohäsion bis zum festen Zusammenhalt, Viskosität bis zur Starrheit.

Bei den Lösungen von Zuckerrübensäften, mit denen wir uns augenblicklich beschäftigen, haben wir nur einen geringen Grad dieser Eigenschaften auszukosten, nur bis dahin, wo sie anfangen, ernste Schwierigkeiten zu bereiten, da wir hier am Ende der Verdampfung mit einer Mischung von 58° Bx, d. h. mit einer Mischung von 58 Gewichtsteilen Zucker mit dem obligaten Nichtzucker, und 42 Gewichtsteilen Wasser, Schluß machen, und die weitere Eindickung dem später besonders zu besprechenden Vakuum-Kochapparat überlassen.

γ) Den Versuchszahlen Drs. *Claassen-Frentzel*[1] entnehmen wir als Siedepunkt-Erhöhungen für unsere Säfte, in denen die Erschwerung des Kochens durch obengenannte Kräfte ihren Ausdruck erhält, die ungefähren Zahlen

für die Körper	I	II	III	IV
— in ° —	0,3	0,6	1,2	3,2
und diese zu den in α und β genannten hinzugefügt, ergeben die Summen	1,6	2,1	3,2	6,0
$\alpha + \beta + \gamma$	1,9	2,7	4,4	9,2

Die Summation dieser Summen ist 18,2°.

---

[1] Dr. *H. Claassen:* Über Verdampfen und Verdampfungsversuche. Anhang 1, Tab. 11.

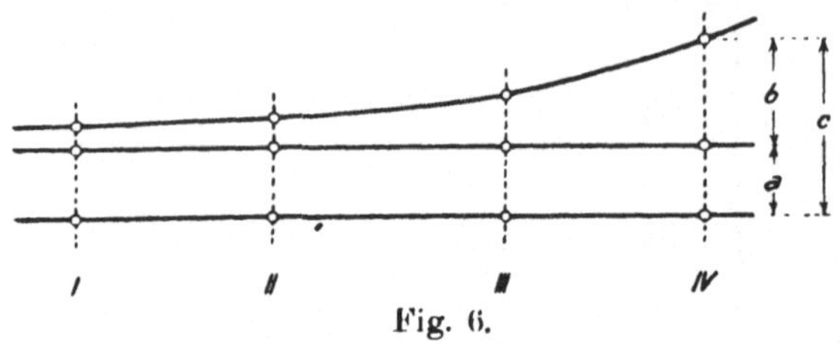

Fig. 6.

Zeichnerisch dargestellt ergeben diese Temperatur-Erhöhungen

$$\alpha + \beta + \gamma = b$$

(in der Fig. 6) Keile von stetig sich steigernder Höhe, der auf einem Rechteck von Höhe a aufgelagert. Diese Höhe a bedeutet die durch die Körperzahl (4) geteilte Differenz aus dem Gesamt-Temperaturgefälle (108°–65°) und der Summation der Siedepunkt-Erhöhungen (18,2°), in unserem Falle

$$\frac{108 - 65 - 18,2}{4} = \frac{24,8}{4} = 6,2^{\circ}$$

als nutzbares Einzel-Temperaturgefälle für alle Körper gültig.

Für die Körper	I	II	III	IV
setzen sich die Einzel-Temperaturgefälle zusammen aus unmittelbar nutzbaren und nur mittelbar nutzbaren	6,2 + 1,9	6,2 + 2,7	6,2 + 4,4	6,2 + 9,2
$a + b = c =$	8,1°	8,9°	10,6°	15,4°
u. als Siedetemperatur erscheinen — ° —	108,0—8,1	99,9 — 8,9	91,0—10,6	80,4—15,4
=	99,9°	91,0°	80,4°	65,0°
wo im voraus angenommen waren	100°	91°	80°	65°

Diese Berechnung gibt ein ungefähres, jedenfalls sehr instruktives Bild von der Verteilung des vorhandenen oder vorbestimmten Gesamt-Temperaturgefälles, wie es sich nach der Eigenart der abzudampfenden Säfte einstellen mag; ein „ungefähres", vielleicht der Wahrheit schon recht nahestehendes Bild, wenn auch das Wissen, das uns vor allem *Claassen* übermittelt hat, noch nicht erschöpft sein kann; jedenfalls sind darin die wesentlichen Momente charakterisiert.

Freilich werden die Zahlen nun bei jeder anderen Materie andere, sogar unter Beibehaltung derselben schon bei anderen Konzentrationsverhältnissen; man denke nur an die Einflüsse der Vorverdampfung, durch die geringere Saftmengen mit weit vorgeschrittener Konzentration in die Verdampfung eintreten! Wenn z. B. leimige oder harzige und ähnliche Lösungen abzudampfen sind, bei denen sich die Kohäsion bis zur „Klebrigkeit" steigert, so werden die Grundlagen für die Abdampfung vollständig andere; nach der entgegengesetzten Richtung hin, bei Eindickung von salzigen Lösungen, bei denen die Mutterlauge klar und wässerig bleibt, gibt es anderes zu berücksichtigen:

Wer die Abdampfung irgendeiner Lösung gewissenhaft behandeln will, muß sich mit der Eigenart derselben — durch Experimente — genügend vertraut gemacht haben. Denn jede Lösung bietet ihre eigene Schwierigkeit und erfordert ihre eigene Behandlung.

d) Der Einfluß der Spannung in den einzelnen Verdampfkörpern.

Wir haben der Dampfspannung insoweit schon Rechnung tragen müssen, als sie mit den Siedetemperaturen zusammenhängt. Wir wollen uns nun mit dem Einflusse der Dampfspannungen beschäftigen, wie er sich geltend macht auf die Bewegungen der abdampfenden Flüssigkeiten, auf die des Kondenswassers und der Flüssigkeitsdämpfe.

Der Weg der abdampfenden Flüssigkeit. Wir pflegen in einem Reservoir R von der abzudampfenden Flüssigkeit einen Vorrat zu halten, damit die Abdampfung möglichst ununterbrochen und gleichmäßig weitergeführt werden kann, wenn die Verarbeitung des Rohmaterials (wir bleiben bei unserem Beispiele), der Rüben, aus irgendwelchem Grunde Pausen macht. Dieses Sammelgefäß R (Dünnsaftkasten) wird so aufgestellt, daß sich sein Inhalt restlos in den Körper I, während derselbe in Tätigkeit ist, ergießen kann. Man wird darauf bedacht sein, daß der Druck im Körper I unter Umständen auch mal etwas steigen kann, und ebenso das Flüssigkeitsniveau: man wird vielleicht auf einen Saftsäulendruck von 0,6 (statt 0,047) Atm. und auf eine Dampfspannung von 1,04 (statt 1,00) Atm. rechnen müssen. Nach diesen Annahmen könnte der Druck im Körper I — auf die Ebene F bezogen — bis zu 0,06 + 1,04 = 1,10 Atm. abs. steigen.

Von außen wirkt nur der Druck der natürlichen Atmosphäre, den wir trotz gewisser Schwankungen mit 1,00 Atm. abs. einsetzen wollen.

Für das statische Gleichgewicht zwischen innen und außen bedürfen wir demnach nur noch einer Vermehrung des äußeren Druckes von

$$1,10 - 1,00 = 0,10 \text{ Atm.}$$

Wir vermehren diesen noch um den Druck von 0,05 Atm., und wollen diesen verwendet wissen, um den Saft in den Körper I einzutreiben.

Der Druck von 0,10 + 0,05 = 0,15 Atm. entspricht einer Saftsäule von

$$h_R = \frac{0,15 \cdot 10,3}{1,05} = \frac{1,545}{1,05} \backsim 1,5 \text{ m}, \text{ wobei durch den Divisor } 1,05 \text{ dem spez.}$$

Gew. des Saftes von $13° Bx$ Beachtung geworden ist.

Der Abstand h_R des Reservoirbodens von der Ebene F_I müßte, wenn während des Betriebes eine völlige Entleerung unter genannten Erschwerungen möglich sein soll, 1,5 m sein.

<pre>
Im Körper I ist vorhanden: ein Dampfdruck von   1,00° Atm.
                   und ein Saftsäulendruck =   0,047   „
                        ein Gesamtdruck =   1,047 Atm.
Im Körper II ist vorhanden: ein Dampfdruck von   0,72° Atm.
                   und ein Saftsäulendruck =   0,043   „
                        ein Gesamtdruck =   0,763 Atm.
</pre>

Die Differenz beider von 1,047 − 0,763 = 0,284 Atm. bedeutet also einen Überdruck der Spannung im Körper I gegen die Spannung im Körper II.

Das Übergangsrohr für den Saft ist gefüllt mit Flüssigkeit von 1,07 spez. Gew.; die Druckdifferenz von 0,284 Atm. würde also einer Saftsäule von

$$\frac{0,284 \cdot 10,3}{1,07} = 2,747 \text{ m das Gleichgewicht halten, d. h.: wir könnten die}$$

Ebene F_{II} des Körpers II um 2,747 m über die Ebene F_I im Körper I legen.

Das Quantum Q von Flüssigkeit (Dünnsaft), welches vom Reservoir R (Dünnsaftkasten) in den Körper einfloß, hat sich im Körper I verringert, es ist von (90 kg auf $\sim$ 66 kg) Q auf $\sim$ 0,6 Q zurückgegangen, wir dürfen also auch denjenigen Druck reduzieren, der zum Übertreiben des Saftes 0,6 Q vom Körper I in den Körper II nötig wird. Wir könnten also, wie gesagt, den Druck ändern, und die Geschwindigkeit des Saftübertritts annähernd beibehalten, wie wir sie zuerst annahmen; wir können aber auch den Druck beibehalten und die Geschwindigkeit mäßigen. Es liegt nur im Interesse der Gleichmäßigkeit, daß das Quantum 0,6 Q in derselben Zeit von I nach II übersteigt, wie das Quantum Q vom Reservoir R nach I gekommen ist. Es wird am richtigsten für die Ökonomie und am bequemsten für den Apparat-Verfertiger sein, die Rohrweiten beizubehalten und die Geschwindigkeit und den Druck zu vermindern; es wird uns danach gestattet sein, mit der Drucksäule — abgesehen von den kleinen Differenzen der spez. Gewichte — auf 0,3 m herabzugehen. Von der

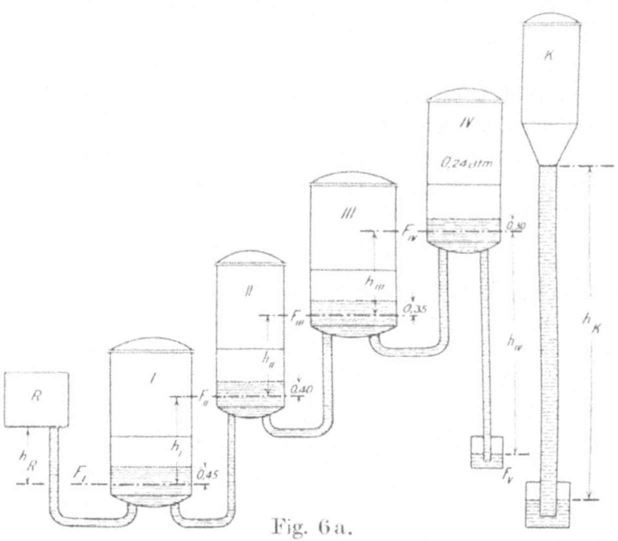

Höhe 2,747 m, um welche wir den Körper II höher stellen durften, so lange die Flüssigkeiten in Ruhe sind, müssen wir für die Bewegung eine Höhe von $\sim$ 0,3 m absetzen und erhalten als $h_I \sim 2{,}75 - 0{,}30 = 2{,}45$ m.

In der letzten Fig. 6a ist solche Aufstellung durchgeführt. Sie wird in ganzer Ausdehnung nicht zur Ausführung kommen; wohl aber sind Fälle bekannt, wo ein Teil der Reihe in einer anderen Etage untergebracht werden mußte, um große bauliche Veränderungen, die bei horizontaler Aufstellung nötig geworden wären, zu umgehen. Es ist gut, wenn man sich über die Grenzen solcher Möglichkeiten Rechenschaft geben kann.

In dieser stufenweisen Aufstellung der Körper würde man ein Mittel an der Hand haben, die Saftniveaus nach Wunsch ein für allemal einzustellen, aber damit wäre man auch an die genaue Innehaltung aller für diesen Fall gegebenen Vorschriften gebunden, und das könnte doch — für gewünschte Abänderungen — zu großen Unzuträglichkeiten führen! Auch aus anderen

Gründen, wegen der Übersichtlichkeit und Kontrolle der Vorgänge wird man eine horizontale Aufstellung bevorzugen, wie sie in Fig. 7 skizziert ist.

Die Steighöhen h_I, h_{II}, h_{III} fallen nun aus, aber ihre Wirkung bleibt: die Differenzen der Spannungen von Körper zu Körper geben Veranlassung zu einer Strömung der Säfte nach dem Kondensator zu, nach dem Orte des kleinsten Druckes. Und diese Strömung beschränken wir durch Einschaltung von Ventilen V_I bis V_{IV}, die man zwar „Einzieh-Ventile" nennt, aber „Stau-Ventile" nennen sollte!

Wir wenden uns dem letzten Körper zu und fragen nach der Entleerung desselben. Wie in der Terrassen-Ausstellung nach der vorigen Skizze, so ist auch hier der Saft durch den Druck der Atmosphäre am freien Ausflusse gehindert; es muß also ein Mittel geschaffen werden, dem Überdrucke der Atmosphäre gegen den inneren Druck (in unserem Beispiele $1{,}00 - 0{,}24 = 0{,}76$ Atm.) entgegenzutreten. Eine Dick-saftsäule von $\frac{10{,}3}{1{,}28} \sim 8{,}05$ m würde mit ihrem Gewichte dem Atmosphärendrucke das Gleichgewicht halten, also eine Dicksaftsäule von $8{,}05 \cdot 0{,}76 = 6{,}12$ m dem vorhandenen Überdrucke. Davon ist im Körper bis auf die Ebene F nur 0,3 m da, und eine Ergänzung von $6{,}12 - 0{,}30 = 5{,}82$ m als min. unterhalb F muß noch ermöglicht werden. Mit Innehaltung einer Dicksaftsäule $h_{IV} = 5{,}85$ m würde die Entleerung er-folgen.

Im allgemeinen wird diese Höhe nicht verfügbar sein, man würde sich in das Terrain eingra-ben müssen. Man sucht natürlich sol-che Versenkungen zu vermeiden, und stellt unter Wah-rung einer möglichst

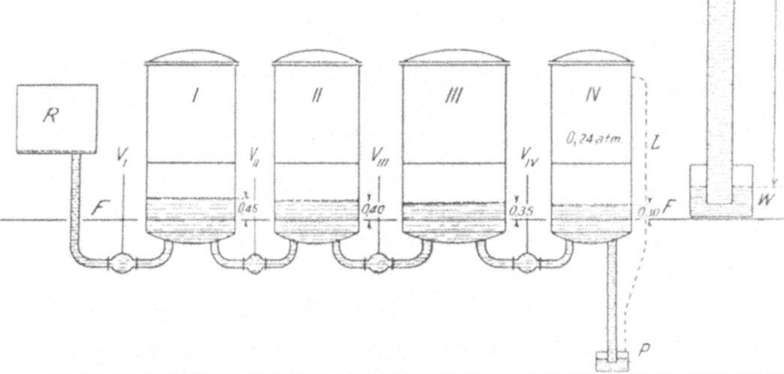

Fig. 7.

hohen Säule h_{IV} eine Pumpe P auf, die das Fehlende sicher ersetzt. Hier sind gesteuerte Saugventile durchaus am Platze, die wenigstens das Ventil-gewicht unschädlich machen.

Schon *Jelinek* hat empfohlen, den Saugraum solcher Pumpen mit dem Safte des letzten Körpers durch eine Leitung L (Fig. 7) in Verbindung zu bringen und hat auch entsprechende Maßnahmen getroffen und zur Aus-führung gebracht. Damit kann die ganze Saftsäule h_{IV} entbehrt und aus-geschaltet werden, wenigstens fast die ganze, da noch ein Teilchen übrig-bleiben muß, um kleine Widerstände zu überwinden.

Eine Pumpe an dieser Stelle hat den Nachteil, daß ihre Förderungs-fähigkeit auf das Maximalquantum eingerichtet und ihr Gang auf dasselbe eingestellt werden muß. Bei minderem Zufluß erzeugt sie die bekannten harten Schläge, die dem Materiale der Konstruktion, den Verbindungen der Teile mit ihren Dichtungen und den Packungen der Stopfbüchsen usw. nicht gerade gut tun. Man ist in den letzten Jahren mit Erfolg bestrebt gewesen, die Entnahme des Dicksaftes von seiner vorhandenen Menge abhängig zu machen: Die Organe für Aufnahme und Weiterbeförderung des Dicksaftes (Pumpen oder Montejüs) arbeiten nur dann, wenn ihre Tätigkeit nötig wird. Das ist eine große Annehmlichkeit!

Wegen der Ähnlichkeit der Erscheinung möchte hier der Ort sein, über die Höhe der Wassersäule des Kondensators einige Worte zu sagen.

Es gelingt nur, im Kondensator bei Einschränkung der Kühlwassermenge auf das vernünftige Maß einen Mindestdruck von 0,15 Atm. zu erreichen, demgegenüber eine Wassersäule h_k von $(1,00 - 0,15)$

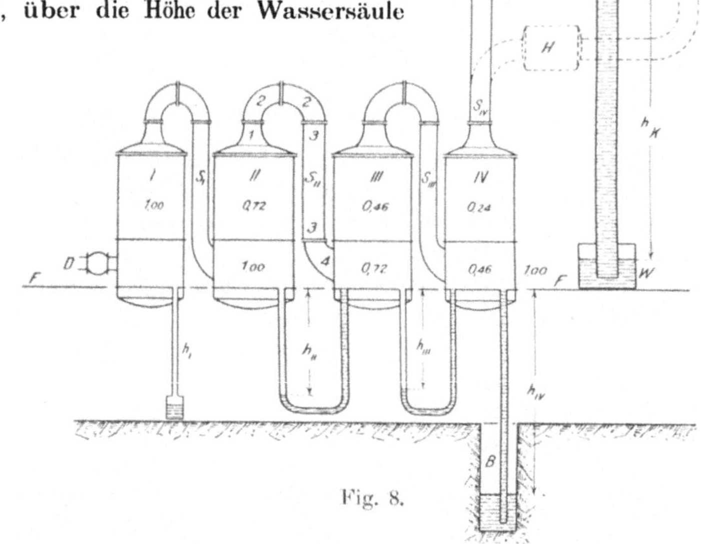

Fig. 8.

· $10,3 = 8,75$ m die Wage hält. Wegen eines unvermeidlichen Schwankens des Wasserspiegels und wegen eines gewissen Luft- oder Gasinhaltes des Fallwassers, welcher das spez. Gewicht des Wassers um ein wenig herabsetzt, möge die Wassersäule auf 9 m erhöht werden.

Übrigens bewahrt man dieselbe leicht vor allzu großen Schwankungen (Schaukeln) durch einen schwimmenden Teller (auch in Klappenform), den man am unteren Ende des Fallrohres anbringt, wodurch das Eindringen von Wasser aus dem Kasten verhindert wird.

Der Kondensator steht unabhängig von der Höhenlage des letzten Körpers als selbständiger Apparat da. Man bringt den Fallwasserkasten W gern so hoch stehend an, daß man das Fallwasser in Räume leiten kann, wo man für dasselbe Verwendung hat, z. B. für Schwemmen und Wäsche.

Die Brüdenleitung S_{IV} ist unter allen Umständen vor Abkühlung so gut als nur möglich zu bewahren, weil sonst das Niederschlagwasser in den Körper IV zurückfließt, wo es wiederum der Abdampfung benötigen würde, wohingegen der Kondensator K selbst nicht kühl genug, Wind und Wetter ausgesetzt, stehen kann.

Wir verfolgen den Weg des Kondenswassers.

Das in der Heizkammer I entstehende Kondenswasser (Fig. 8) sondert man gewöhnlich von dem der anderen Körper ab, da es aus Maschinen- oder auch wohl aus Kesseldampf entstanden und also ein ziemlich reines, weiterhin (zur Speisung der Kessel) noch gut verwendbares Wasser ist. Man befreit es wohl auch von seinen wenigen Ölbestandteilen, indem man den Dampf vor Eintritt in die Heizkammer einen Öl-Abscheider passieren läßt, wobei man sich einen kleinen Spannungsverlust von etwa 0,05 Atm. gefallen lassen muß. Man schließt das Kondenswasserabfallrohr dieses Körpers durch einen Kondenstopf ab, weil es unter einem Drucke steht, der höher als der der Atmosphären ist.

Die Kondenswasser aus den anderen Körpern pflegt man durch die Heizkammern hindurch in die des letzten überzuleiten und erst aus dem letzten abzuführen, um ihre Wärme (in mehrmaliger Benutzung) möglichst weit zu verwenden. Würde man das in direkter Leitung tun, so würde man mit dem Wasser viel Dampf abtreiben; man schaltet deswegen Wassersäulen ein, die den Dampf absperren und nur das Wasser passieren lassen. Die für diesen Zweck benutzten Rohre, „Trompeten"- oder „Posaunen"-Rohre, wegen ihrer Ähnlichkeit mit den beliebten Blasinstrumenten so benannt, müssen eine gewisse Tiefe der Senkung haben, um die Differenz der Spannungen auszugleichen.

Während des Betriebes steht die Trompete (wir kehren zu unserem Beispiele zurück) unter dem Einflusse der Druckdifferenz zweier Körper, in einem Falle unter der Differenz $0,72 - 0,46 = 0,26$, im anderen Falle unter der Differenz $0,46 - 0,24 = 0,22$ Atm., die entsprechenden balanzierenden Wassersäulen sind also

$$h_{II} = 10,3 \cdot 0,26 = 0,26 = 0,268 \text{ m} \text{ und } h_{III} = 10,3 \cdot 0,22 = 0,227 \text{ m}.$$

Man wird sie wegen kleiner Schwankungen des Druckes und der Druckdifferenzen um etwas erhöht ausführen! Der Rohrquerschnitt muß sich mit der wachsenden Menge des Kondenswassers vergrößern. Es ist gut, die Fließgeschwindigkeit nicht größer als 1 m pro Sekunde werden zu lassen, da man hier stets mit ungeschickten Einflußformen zu rechnen hat. Die Wassersäule des Körpers IV muß eine Höhe h_{IV} von $(1,00 - 0,46) \cdot 10,3$ $\sim 5,6$ m als Minimum erhalten.

Für den Fall, daß ein Brunnen B, aus dem eine eingehängte Pumpe das Wasser entnimmt, nicht genehm ist, gilt das beim Abnehmen des Saftes aus dem Körper IV Gesagte: man benutzt eine gute Pumpe, die man wenigstens möglichst tief auf den Fußboden aufstellt. Die Schwierigkeiten sind hier natürlich geringer als bei dem Saftabzuge, da der Druck in der Heizkammer größer (weniger niedrig) ist als der in der Saftkammer desselben Körpers.

Und nun zu den Flüssigkeits- resp. zu den Saftdämpfen!

Die Leitung des Heizdampfes in die Kammer des Körpers I, die Überleitungen der Flüssigkeits-(Saft-)Dämpfe von je einem Körper in die Heizkammer des folgenden bzw. in den Kondensator, also die Leitung von Dämpfen ist so einfach, daß man an Fehlgriffe bei Lösung diesbezüglicher Fragen kaum glauben könnte, und doch muß konstatiert werden, daß oft genug Konstruktionen gefunden werden, die einen ganz empfindlichen Verlust mit sich bringen; man muß nur eingedenk bleiben, daß meistens nur eine Temperaturskala von $\sim 112 - 62 = 50°$ zur Verfügung steht.

Die Aufgabe lautet: Es sollen zwei Abteile eines Gefäßes — Retorte und Vorlage, Kochraum des einen Körpers und Heizkammer des folgenden usw.—, welche eigentlich nur einen gemeinschaftlichen Raum bilden, aber aus konstruktiven Gründen etwas voneinander entfernt ihre Aufstellung gefunden haben, — es sollen zwei solche Abteile derart durch Rohre in Verbindung gehalten werden, daß eine gewisse Menge Dampf von gewisser Spannung aus dem einen in den anderen Abteil kontinuierlich überströmen kann, ohne einerseits den unvermeidlichen Energie-Aufwand zur Bewegung des Dampfes zu empfindlich werden zu lassen, andererseits aber auch ohne in Dimensionen der Verbindungsrohre zu geraten, welche die Anlage zu teuer oder zu unbequem für den Zusammenbau gestalten würden.

Diese Aufgabe kann also ganz verschieden gelöst werden. Der eine will oder muß vor allem erst einmal die Anlage billig haben: er wird der laufenden „kleinen Verluste" nicht achten; der andere wendet lieber von vornherein mehr Kapital an: er will sicher sein, die Verluste auf ein Minimum herabgedrückt zu haben, also am sparsamsten arbeiten. Der Verkäufer endlich muß konkurrenzfähig bleiben und macht Vorschläge, die nicht immer mit seinem eigenen besseren Wissen im Einklange stehen. Aber alle Parteien werden schließlich bemüht sein, sichtlich Unvernünftiges zu meiden und nach beiden Seiten hin Grenzlinien zu beachten, die allgemein als gut gewählt anerkannt werden.

Man findet in der Praxis grobe Mißgriffe in den Dimensionen der Leitungsrohre und findet noch größere in den Formen; man findet darin Unglaubliches, etwas, was gegen jedes natürliche Fühlen geht, wie wenn „Masse $\times$ Geschwindigkeit" für Dampf gar keine Bedeutung hätte!

Anfangs der 80er Jahre des vorigen Jahrhunderts hat *Jelinek* folgende Vorschrift gegeben, von der er selbst sagt, daß sie zwar einem theoretischen Physiker nicht genügen würde, für unsere Zwecke aber und für die praktische Ausführung durchaus tauglich sei:

„Durch Versuche wurde festgestellt, daß die Verbindungsrohre von einer Dimension, welche den Dämpfen eine Schnelligkeit von 60 m pro Sekunde gestattet, noch keinen schädlichen Einfluß ausüben, indem der Rückdruck auf die im vorhergehenden Körper kochende Flüssigkeit nicht nennenswert erhöht wird. Es ist anzuempfehlen, die Schnelligkeit der Kochbrüden bei Berechnung der Verbindungsrohrdiameter nicht höher als 20 bis 30 m pro Sekunde anzunehmen, und nur bei Verdampfapparaten mit sehr großer Heizfläche bei den letzten Körpern 40 bis 50 m in Rechnung zu stellen. „Letzteres", so schreibt *Jelinek*, „nur deshalb, damit die Diameter der Rohre nicht gar zu groß ausfallen."

Dieser Satz reizt zum Widerspruch in zweifacher Richtung: 1. Wo große Dampfmengen große Ansprüche an Rohrdimensionen stellen, müssen sie auch befolgt werden. Wir führen oft genug da zwei Rohre aus, wo der

Querschnitt, in einem Rohre geboten, unbequeme Dimensionen ergeben würde. Aber 2. der Übergang zu relativ größeren Geschwindigkeiten (zu kleineren Rohrdurchmessern), namentlich bei den letzten Körpern, ist so gerechtfertigt, daß es gar keiner Entschuldigung bedarf. Ein Rohrquerdurchschnitt braucht nicht im gleichen Verhältnisse mit der Durchströmungsmenge zu wachsen, denn die Geschwindigkeit des Stromes darf zunehmen, weil die Wandung des Rohres, an der die Reibung mit ihren Folgen stattfindet, im Verhältnis zum getriebenen Kerne des strömenden Materials kleiner wird. Außerdem ist die Masse des Dampfes spezifisch leichter in den letzten Körpern und am leichtesten also im letzten Körper, so daß jede Ablenkung aus der Geraden mit nur geringeren Störungen verbunden ist.

Jelinek fügt hinzu:

„Es ist natürlich, daß man bei Anordnung der Rohrverbindungen für die Kochbrüdenübergänge so viel als möglich Knie vermeiden muß, da letztere die Reibung der Kochbrüden bedeutend vermehren und somit den Rückdruck auf die Kochflüssigkeit erhöhen, resp. die Luftleere der vorhandenen Körper vermindern."

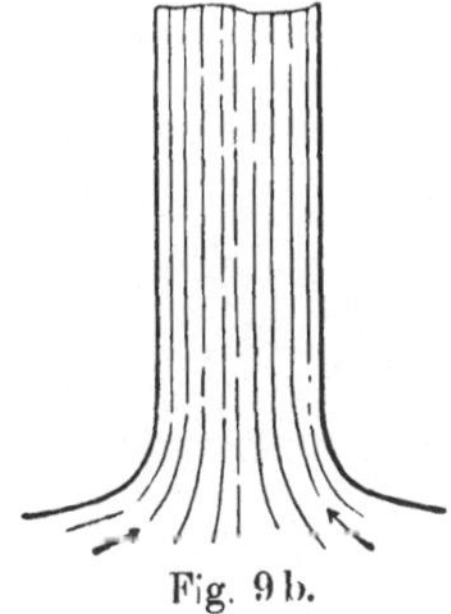

Jelinek gestattet also mit Recht Geschwindigkeiten von 20 bis 30 und 50 m pro Sekunde für die Flüssigkeitsdämpfe in einem Verdampfapparate vom Körper I an bis zum Kondensator zu nehmen, und die Richtigkeit dieser Anschauung *Jelinek*s ist in der Praxis voll bestätigt worden.

Fig. 9a.   Fig. 9b.

Es bleibt dabei merkwürdig, daß von ihm nichts über Leitungsformen gesagt wird. Und doch sind diese so wichtig, daß man in Zahlen mit ihnen reden muß. So müssen wir das nachholen!

In jeder einfachen Überleitung haben wir (Fig. 8) einen Stutzen (1), zwei Knie (2), ein gerades Rohr (3) und wieder ein Knie mit Anschlußstück (4).

Das zuerst genannte Stück (1) — es mag unmittelbar auf dem Oberboden, oder auf einem Dome, oder sonst wo angebracht sein — ist immer das am sinnlosesten geformte; man findet es überall, seitdem das Kupfer und der Kupferschmied ausgeschaltet, seitdem die Freihandarbeit und das Bördeln nicht mehr Mode sind. Jetzt erscheint alles eckig und ungeschickt, trotzdem das viel verwendete Gußeisen zu den besten Formen Gelegenheit gäbe, wenn sich ein Apparatbauer nur etwas mehr Mühe geben wollte.

Jetzt macht man solche Verbindungen aus „Normalformen" (Fig. 9a) billig und schlecht, früher arbeitete man solche Teile sinngemäß aus (Fig. 9b). Da hatte man eine von allen Seiten gleich gut zugängliche Eingangspforte und auch die rascheste Bewegung vollzog sich ohne Drängen und Stoßen. Jetzt fragt man nicht nach glatten Wegen: es geht rücksichtslos hart „um die Ecke"! Findet man denn die Lehre von der Kontraktion[1] des Strahles nur in ganz alten Physikbüchern, daß die heutige Welt nichts mehr davon weiß?

Auf eine Erscheinung aus gleicher Ursache macht *Isaachsen* aufmerksam. (,,Innere Vorgänge in strömenden Flüssigkeiten und Gasen." Zeitschr. d. V. d. J. Heft 6, S. 216.) Wenn ein Strom aus einem geraden Rohre in ein Knie eintritt, so drängen die am schnellsten bewegten Flüssigkeitsteile, die im Kerne fließenden, am heftigsten an die konkav gewölbte Gegenwand; sie spalten sich in zwei symmetrische Ströme, jede Seite einen Wirbel in besagter Art erzeugend.

---

[1] Der Name ,,Kontraktion" ist für diese Erscheinung nicht gut gewählt. ,,Kontraktion" würde auf die Wirkung innerer Kräfte (Kohäsion) schließen lassen, während diese Verdünnung des Strahles durch die Energie (das Beharrungsvermögen) der Massenteilchen vollzogen wird, die ihre Flugrichtung möglichst lange innezuhalten bestrebt sind.

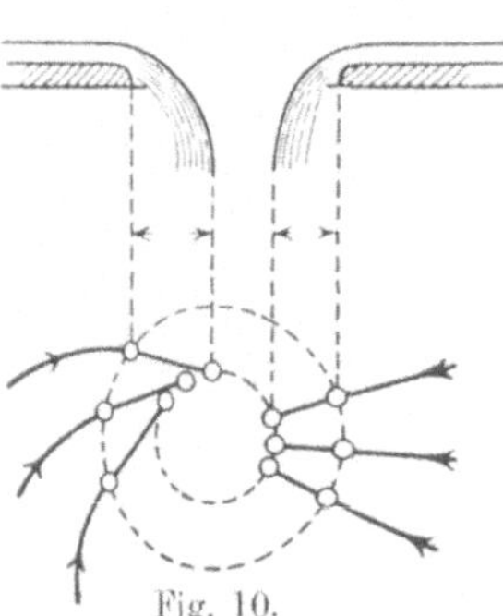
Fig. 10.

Man könnte eher und mit größerer Berechtigung von einem von außen her durch Pressung verengten Strahle sprechen, da ja in Wahrheit mit dieser Deformation eine Beschleunigung der Bewegung der Teilchen verbunden ist, die einen Aufwand von Energie erfordert.

Auf das Risiko, etwas vom Thema abzuschwenken, möchte ich noch einiges bemerken, was doch vielleicht für manche Leser von Interesse ist, gerade weil es eine bekannte Sache betrifft. Es steht also nicht nur oft genug gedruckt in Büchern, sondern jeder hat es beobachtet, daß ein Strahl, der auf beschriebene Weise eine Verdünnung erleidet, zugleich in wirbelnde Bewegung versetzt wird, so daß sich seine Teilchen in mehr oder weniger lang gestreckten Schraubenlinien weiterbewegen. Das Entstehen dieser kreisenden Bewegung ist — wie gesagt — allgemein bekannt und wird als Tatsache hingenommen; ich habe aber noch keine Erklärung dafür gefunden, die mich befriedigt hätte. Und so wird es manch andrem auch gehen. Eine diesem Falle analoge Erscheinung bietet ja der Ausfluß des Wassers aus der runden Öffnung eines flachen Gefäßbodens. Wir haben nur die Fig. 9 umgekehrt zu betrachten, wie Fig. 10 zeigt, um uns das richtige Bild vor Augen zu führen.

Bei einer hohen Wassersäule im Gefäße, also unter starkem Drucke, fließt ein Strahl fast voll unter ganzer Ausfüllung des Querschnittes der Öffnung aus dem Gefäße aus. Bei sinkendem Niveau der Flüssigkeit und wahrscheinlich doch auch beim Zusammentreffen gewisser günstiger Umstände (Größe und Form der runden Öffnung, Bodenform, Weite des Gefäßes usw.) macht sich eine drehende Bewegung geltend, die sich langsam dem ganzen Inhalte des Gefäßes mitteilt. Diese Bewegung, welche sich nicht, wie einige behaupten, aus Ursachen irgendeiner Asymmetrie der Gefäßwände einstellt, beginnt ganz sicher unten am Ausfluß, man kann sagen: während des Ausfließens, und die oberen Schichten folgen, von den unteren getragen und angeregt. Sie hört auf, wenn das Niveau auf eine gewisse Tiefe herabgesunken ist, und die Flüssigkeit ihre Energie (Trägheit) in Reibung umgesetzt und die Drehung verloren hat. Von da an fließt alles in radialer Richtung dem Ausflusse zu.

Ob sich die Drehung rechts oder links herum vollzieht, hängt entweder von Zufälligkeiten ab oder von Vorkehrungen, die man zur Einleitung einer Drehung in diesem oder jenem Sinne trifft.

Bei einem Ausflusse von innen nach außen ist die besagte Erscheinung nicht zu finden, woraus ersichtlich ist, daß die Drehung des ausfließenden Strahles ihre Ursache

So wird aus der Überleitung des Dampfes, der denselben Gesetzen folgt wie das Wasser, von einem Körper in die Heizkammer der folgenden ein ungemein komplizierter Vorgang, der keineswegs unbeachtet bleiben darf.

In dieser ungeschickten Form liegt die Ursache eines Temperaturverlustes, weil eine Kraftäußerung dazu gehört, den verdünnten Strahl so zu beschleunigen, daß die geförderte Menge dieselbe bleibt. Steht diese Kraft nicht zur Verfügung, so tritt für die Bewegung des nach der Verengung wieder verbreiterten Strahles eine Verlangsamung ein. Und hieraus ergibt sich, daß man oft genug ganze Rohrstrecken viel enger machen dürfte, wenn man nur für den Eingang (Einfluß) die richtigen Formen wählen würde!

Die Knie (2,2 Fig. 8) sollten nach möglichst großem Radius geformt sein, denn in den kurz gebogenen Knien unserer Normalien, die für solche Zwecke nicht gemacht sind, stoßen die Ströme stark auf die Gegenwand (Fig. 11), während sie gegenüber eine Leere erzeugen -- mit gleicher Ursache und Wirkung wie vorhin: ein verengter Strahl, ein Kraftaufwand!

Ob sich im Rohrstück (3) die erwünschte Gleichartigkeit der Bewegung bereits wiedergefunden hat, möchte bei der Geschwindigkeit des Stromes zweifelhaft sein.

Im Teile (4) (Fig. 8) entsteht ein neues Hindernis, wie in den Knien (2); aber hier

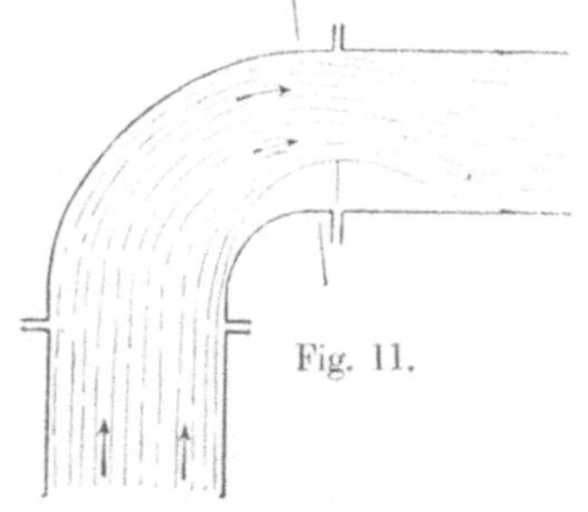
Fig. 11.

kann eine gestrecktere Form Anwendung finden; sie kann nicht nur, sie sollte! Der Dampf stößt hier gegen ein Rohrbündel der Heizkammer, und es wäre richtig, auf diesen Umstand Rücksicht zu nehmen (Fig. 12, links unten V_1) und eine derartige Einmündung des Leitungsrohres zu wählen, wie sie in Fig. 13 gezeichnet ist: Dieser Schenkel (4) sollte in ein Oblongum ausmünden von einer Höhe, wie sie die Heizkammer nur immer gestattet.

---

findet im Zusammenfließen von Flüssigkeitsteilen nach einem gemeinschaftlichen zentralen Absturze zu.

Jedes Flüssigkeitsteilchen, welches in der Nähe des Bodens fließend an den Rand der Ausflußöffnung gerät, hat bei der Verengung des Weges nach der Mitte zu eine Beschleunigung seiner Geschwindigkeit erfahren. Die abfließenden Teilchen würden demnach mit ihrem Gegenüber zu einem Zusammenprall führen. Da aber die Natur die einfachsten Wege zu gehen pflegt, um irgendein Ziel zu erreichen, so wählt sie auch hier denjenigen aus, auf dem der Aufwand an Kraft zur Überwindung von Hindernissen am kleinsten ist: das ist die Ablenkung der Strahlen aus der radialen Richtung in eine seitliche Richtung. Sie findet die bequemere Bahn, auf der sich die sonst aufeinander treffenden Strahlen im Ausweichen einen freieren Ausfall sichern. Dieser vollzieht sich in einer gewissermaßen mehr gestreckten Linie, der Energie des in Strömung befindlichen Wassers Rechnung tragend in der Richtung einer Sehne. So entsteht meines Erachtens die Drehung (Fig. 10) unten am Ausflusse beginnend, die oberen Flüssigkeitsschichten beeinflussend.

Man erkennt ohne weiteres die Richtigkeit solcher Formgebung, die aus dem früheren *Zickerick*-Werke (unter *La Baumes* Leitung) hervorgegangen ist.

Nicht minder als die *Jelinek*schen Ratschläge sind die Rücksichten auf den natürlichen Fluß der Dämpfe zu beachten, und man kann nur immer

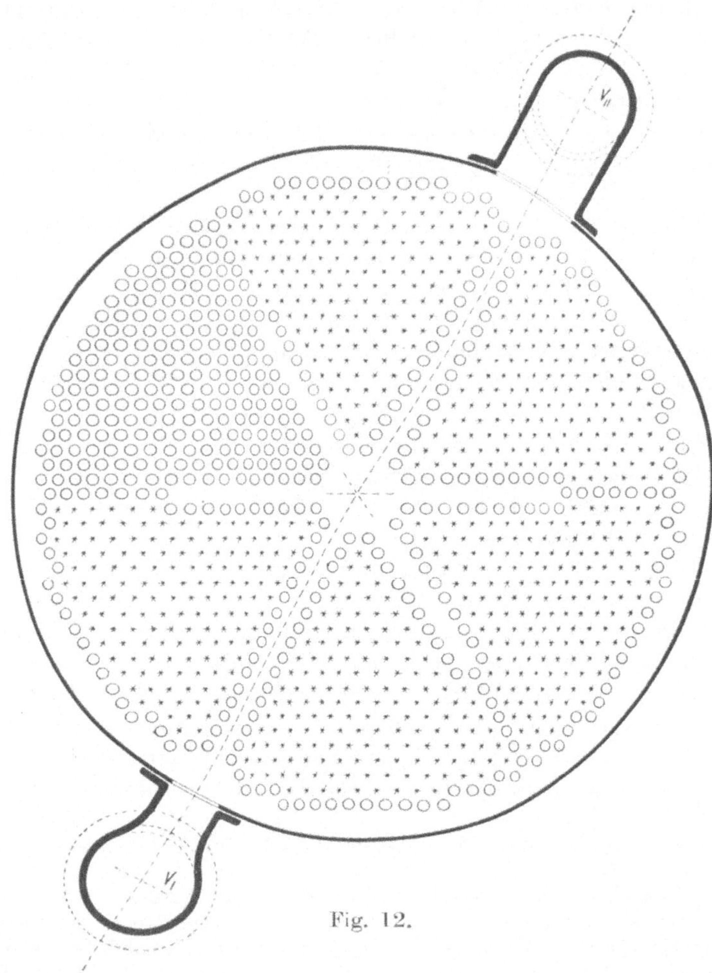

Fig. 12.

wieder bedauern, daß gerade in diesem Punkte eine große Nachlässigkeit herrscht, die unausrottbar zu sein scheint!

Wenn man nebenstehende Tabelle, und noch besser das dabei gegebene Diagramm ansieht und die Linie der bei fallender Temperatur wachsenden Dampfvolumina verfolgt, so sollte man doch einsehen, wie nötig es ist, den großen Dampfmengen, mit denen die Verdampfstation zu tun hat, auch den Weg zu ihrem Übertritte in den je folgenden

Körper und namentlich zum Schlusse in den Kondensator weit genug
offen zu halten, da es sich immer nur wieder darum handelt, den Übertritt möglichst ohne Spannungsverluste vor sich gehen zu lassen! Schon
oft, sehr oft, wird die Güte einer sonst sorgfältig und gut gearbeiteten
Anlage durch diese unverständige und unverzeihliche Sparsamkeit ver-
dorben, und es muß immer wieder darauf hingewiesen werden, daß ein Geiz
an dieser empfindlichen Stelle ganz und gar unangebracht ist, wo noch dazu in derselben Anlage an einer anderen Stelle ein Überfluß an Rohrmaterial
zu finden ist.

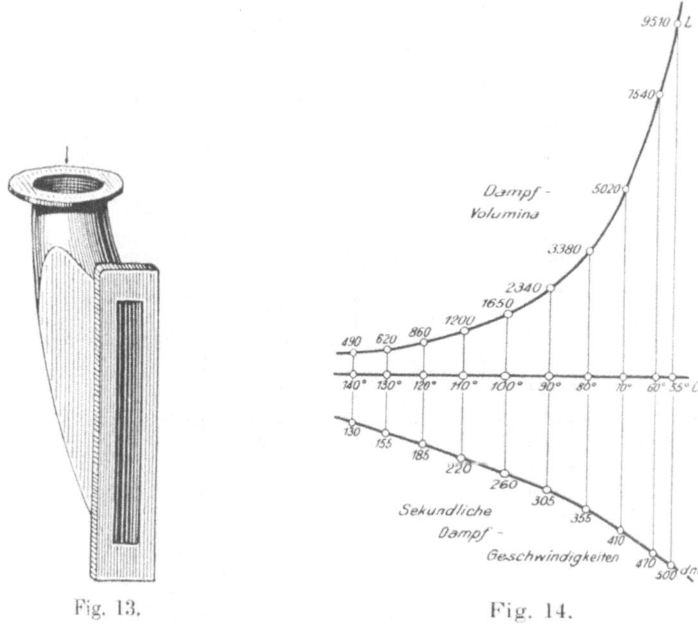

Fig. 13.   Fig. 14.

Ein eklatantes Beispiel.

Eine Verdampfstation arbeitet unter folgenden Bedingungen:

In den Körper I des Vier-Körper-Systems tritt der Saft aus
dem Vorverdampfer, wobei er einen Überschuß von Wärme mit-
bringt.

In die Heizkammer dieses Körpers treten pro Min. 136 kg Heizdampf
von 114°. Es verdampfen 155 kg Wasser zu Dampf von etwa 100°; 82 kg
dieses Saftdampfes verlassen die Verdampfung für Beheizungszwecke, und
die übrigen 73 kg Saftdampf werden in die Heizkammer des Körpers II
abgeschickt.

In die Heizkammer des Körpers III gehen 81 kg Saftdampf
von 90°, in die Heizkammer des Körpers IV gehen 90 kg Saftdampf
von 77°.

5*

| 1 kg Wasser gibt Dampf | | | Passende Geschwindigkeit |
Temperatur ° Celsius	Spannung Atm. abs.	Kubikdezimeter (Liter)	Sek.-Dezim.
55	0,155	9510	500
60	0,2	7540	475
65	0,246	6160	450
70	0,3	5020	
75	0,380	4100	425
76,3	0,4	3920	
80	0,466	3380	400
81,7	0,5	3170	375
85	0,570	2800	
86,3	0,6	2670	350
90	0,7	2340	
93,9	0,8	2040	325
95	0,834	1960	300
97,1	0,9	1820	
100	1,0	1650	
102,7	1,1	1510	275
105	1,2	1390	
107,5	1,3	1290	250
110	1,4	1200	
111,7	1,5	1130	
113,7	1,6	1060	225
117,3	1,8	950	200
120,6	2,0	860	
123,6	2,2	790	175
126,5	2,4	750	
129	2,6	690	
131,6	2,8	630	
134	3,0	590	150
136	3,2	550	
138,2	3,4	520	
140	3,6	400	140

Für diese sehr ungleichen Saftdampfvolumina

$$73 \cdot 1650 \sim 120\,000\,l \text{ pro Min. zur Heizkammer des Körpers II}$$
$$81 \cdot 2336 \sim 190\,000\,l \;\; ,, \quad ,, \quad ,, \quad\quad ,, \quad\quad ,, \quad ,, \;\; III$$
$$90 \cdot 4000 \sim 360\,000\,l \;\; ,, \quad ,, \quad ,, \quad\quad ,, \quad\quad ,, \quad ,, \;\; IV$$

sind dieselben Rohre 2×400 mm Durchmesser mit einem Querschnitte von zusammen 25 qdm verwendet;

für das größte Quantum aber

$$95 \cdot 7000 \sim 660\,000 \text{ L pro Min. zum Wasservorwärmer, } \textit{Hodeck}\text{schen}$$

Saftfänger und Kondensator

ist nur ein Rohr von 500 mm Durchmesser mit einem Querschnitte von 19,6 qdm angelegt!

Die Sekunden-Geschwindigkeiten in den Rohren sind

$$\text{vom Körper I in die Heizkammer des Körpers II:} \quad \frac{120\,000}{60 \cdot 25} = 80 \text{ dm}$$

$$\text{,, \quad ,, \quad II ,, ,, \quad ,, \quad ,, \quad ,, \quad III:} \quad \frac{190\,000}{60 \cdot 25} = 126 \text{ ,,}$$

$$\text{,, \quad ,, \quad III ,, ,, \quad ,, \quad ,, \quad ,, \quad IV:} \quad \frac{360\,000}{60 \cdot 25} = 240 \text{ ,,}$$

$$\text{,, \quad ,, \quad IV nach dem Kondensator zu} \ldots \ldots \frac{660\,000}{60 \cdot 19,6} = 566 \text{ ,, !}$$

die (teils in Quecksilber-, teils in Wassersäule) gemessenen Druckverluste[1] sind:

vom Körper I in die Heizkammer des Körpers II (wegen des Schwankens im Saftdampfbedarf der Anwärmstationen unbestimmt) . . . . $\sim 0{,}050$ Atm.

vom Körper II in die Heizkammer des Körpers III (31 mm Wassersäule) $\sim 0{,}003$,,

,,   ,,   III ,, ,,   ,,   ,,   ,, IV (42 ,,   ,,) $\sim 0{,}004$,,

,,   ,,   IV nach dem Kondensator zu . . . (430 ,,   ,,) $\sim 0{,}040$,,

welche einem Temperaturverluste von $1{,}2° - 0{,}12° - 0{,}25° - 4{,}00°$ entsprechen.

Auch die Rohrleitung des Heizdampfes vom Dampfsammler aus in die Heizkammer des Körpers I hat sich als zu eng herausgestellt. Sie zeigt eine Druckabnahme von $1{,}75 - 1{,}57 - 0{,}18$ Atm. mit einem Temperaturverluste von $3{,}4°$.

Es ergibt sich für ein Gesamt-Temperaturgefälle von $116° - 62° = 54°$ ein Verlust von $3{,}40 + 1{,}20 + 0{,}12 + 0{,}25 + 4{,}00 \sim 9° = 16\%$![2]

Und das eigentlich nur wegen der Enge zweier Rohre, des Heizdampf-Eingangs- und des Brüden-Ausgangs-Rohres, während mit zwei Rohrpaaren Luxus getrieben war!

Man kann wohl sagen, daß bei Austausch des Zuviel gegen das Zuwenig, also mit etwa denselben Ausgaben, nur bei richtiger Anordnung, der Verlust auf 5% gesunken wäre!

Um auch zu zeigen, wie keineswegs ärmlich die Konstruktion der Apparate selbst behandelt ist, ist der Typ derselben in Skizze gegeben (Fig. 12).

Vom Dome der Körper I, II, III gehen je 2 Rohre in die Heizkammer der folgenden Körper (2×400 Durchmesser), jedoch nur 1 Rohr aus dem Dome des Körpers IV zum Kondensator (500 Durchmesser). Diese Einmündungen stehen sich in den Kammern diametral gegenüber und lassen zwischen sich eine Bahn frei von Heizrohren bestehen. Von der Mitte aus gehen Dampfwege in die Bogendreiecke; auch ist um das Rohrbündel herum eine Aussparung von Rohren zu bemerken. Die Rohre lassen unter sich einen Spalt von 9 bis 10 mm. Es mag auch andere, vielleicht sogar bessere Wege

---

[1] Ich verdanke diese Messungen Herrn Dir. *C. Faber*-Aderstedt, dem ich auch Dank schulde für die sonstigen Angaben, die mich in den Stand setzten, die Rechnungen anzustellen.

[2] Vgl. *E. Hausbrand:* „Verdampfen, Kondensieren und Kühlen": Die Weite der Rohrleitungen für Wasserdampf; und *K. Abraham:* „Die Dampfwirtschaft in der Zuckerfabrik": Die Temperaturverteilung im Verdampfsysteme.

geben, den Heizdampf im Rohrbündel zu verteilen; aber man wird anerkennen müssen, daß man mit Glück bemüht war, nach Möglichkeit freie Bahnen zu schaffen.

Der Krümmer V_I ist der, wie er am besten geformt ware, der Krümmer V_{II} ist das gewöhnliche Knie, wie es sich auch hier ausgeführt findet.

Die Unterschätzung des Einflusses von Rohrweiten und Krümmern erklärt sich aus der falschen Anschauung, daß man es mit Reibungswiderständen zu tun habe. Die Reibung des Dampfes in sich und an den Rohrwänden ist allerdings da, aber sie kann nur eine ganz untergeordnete Rolle spielen: „Stauungen“ sind es, die wir zu berücksichtigen haben, wie sie jede bewegte Flüssigkeit zeigt, wenn sie ihre Richtung wechseln muß; und diese werden nur unbedeutend bei weiten Rohren — auch noch über die *Jelinek*schen Forderungen hinaus! Es können Rohre nie zu weit sein, und je mehr zugleich auf schlanke Wege gehalten wird, desto geringer die Verluste!

Wir haben bei Zusammenstellung der Verluste (in B. β) einen Stauungs-Temperaturverlust“ für die Leitungen aus den Körpern I, II, III, IV von $0{,}3 - 0{,}5 - 1{,}1 - 2{,}6°$ eingesetzt; er entspricht Verhältnissen, wie man sie oft vorfindet oder annähernd vorfindet; er ist viel zu hoch für solche, wie er meist bei Vermeidung gröbster Ungeschicklichkeiten sein sollte! Und er ist stets in der Leitung vom letzten Körper nach dem Kondensator zu finden.

Außerdem schaltet man hier Saft- oder Wasservorwärmer und Saftfänger ein — ein an sich sehr richtiges Verfahren —, aber die Vorwärmer, wie sie ausgeführt zu werden pflegen, verlegen den Rohrquerschnitt mit einer Wand von Heizrohren, und der Saftfänger (*Hodeck*) ist das prinzipielle Stauwehr, was man nicht ändern kann, ohne seine schon zweifelhafte Wirkung als Safttropfenfänger ganz aufzuheben. Er muß ersetzt werden durch hohen Steigraum im letzten Körper!

Auch die Ölfänger, mit denen man dem Maschinenabdampfe als Heizdampf das Öl entziehen will, gehören hierher. Wenn man das Kondenswasser als Speisewasser für die Kessel benutzen will, so sollte man bemüht bleiben, das Öl aus dem Kondenswasser, nicht aus dem Heizdampfe, zu entfernen; oder man sollte sich nur der einfachsten Mittel (wie der Schraubengänge) bedienen, die schon das Nötige ohne große Einbuße an Temperatur vollbringen. Erweiterungen mit Wiederverengungen, wie sie der *Hodeck* aufweist, sollte man als sehr störend für den Dampffluß vermeiden!

VI. Der Kondensator und die Luftpumpe.

Der Kondensator (K in den Figuren 5, 6, 7, 8) ist ein Apparat, in welchem dem einströmenden Dampfe die Dampfwärme, die gebundene Wärme entzogen und auf Wasser übertragen wird, gewöhnlich in unmittelbarer Berührung.

Ein Kondensator ist gut, wenn die Kondensation der Dämpfe als soweit erfolgt angesehen werden kann, als sie der Temperatur des Fallwassers, des Gemisches des Kühlwassers mit dem Kondensat entspricht. Dämpfe, die trotz tieferer Temperatur nicht kondensiert sind, und Gase müssen der Luftpumpe anheimfallen.

Um eine gute Kondensation zu erreichen, ist es geboten, das Kühlwasser, welches die Dampfwärme aufnehmen soll, in Formen zu bringen, in denen es den Dämpfen möglichst viel Berührungsfläche bietet: feine Strahlen, dünne Schichten und kleine Tropfen, und daß dieses so geformte Wasser mit den Dämpfen auch so lange in Berührung bleibt, wie für den Wärmeübergang vom Dampfe auf das Wasser nötig ist.

Es ist ferner dienlich, den Strom der Dämpfe und der mit ihm geführten Gase dem Kühlwasser entgegenzuleiten, so daß alles Nicht-Kondensierte auf dem Wege zur Luftpumpe zuletzt mit dem kühlsten Wasser in Berührung zu kommen und dadurch ein tunlichst kleines Volumen einzunehmen gezwungen wird. Es kann das auf mancherlei Weise geschehen. Im Jahre 1880 kam der Verf. mit dem Regen-Gegenstrom-Kondensator heraus, der manche Umwandlung erfahren mußte und erfahren hat. Eine der ersten Ausführungen wird in beifolgender Fig. 15 gezeigt, und auch *Hausbrand* gibt eine Lösung, die beifällig aufgenommen zu werden verdient.

Es möge bei allen Konstruktionen darauf gesehen werden, daß der Deckel des Kondensators leicht abnehmbar (Klappschrauben) gestaltet wird, so daß es nicht nötig wird, wenn das Innere nachgesehen und das Sieb gereinigt werden soll, Rohrverbindungen zu lösen.

Betreffs des Wasserquantums sei hier wiederholt:
1 kg Dampf von 60° bringt $607 + 0,3 \cdot 60 = 625$ WE Gesamtwärme in den Kondensator, von denen $607 - 0,7 \cdot 60 = \underline{565\ \text{WE}}$ vom Kühlwasser aufzunehmen sind, um 1 kg Kondenswasser von 60° zu erhalten.

1 kg Kühlwasser, welches 10° haben mag, nimmt zur Erhöhung seiner Temperatur auf 60° mithin $60 - 10 = 50$ WE auf, folglich sind $\dfrac{565}{50} = 11,3$ kg Kühlwasser von 10° nötig, die mit dem Kondensate zusammen $11,3 + 1,0 = 12,3$ kg als Fallwasser von 60° für 1 kg Dampf von 60° erscheinen.

Auch die im Dampfe mitgeführten Gase würden die Temperatur von 60°
haben. Dieses so gefundene theoretische Kühlwasserquantum mag man auf
das Doppelte vermehren, nicht nur um Schwankungen der zu kondensieren-

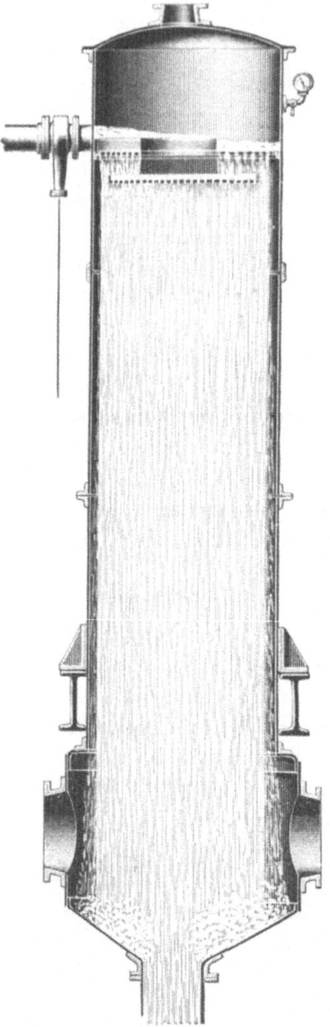

Fig. 15.

den Dampfmengen Rechnung zu tragen, sondern
auch um die Gase durch weitere Abkühlung zu
verdichten und die Leistung der Luftpumpe zu
erhöhen.

Die Menge des Kühlwassers hängt also von
der Wärme-Aufnahmefähigkeit desselben ab; ist
dasselbe wärmer, so muß das Quantum, unter
Umständen ganz wesentlich, gesteigert werden,
worauf mit den Dimensionen des Kondensators
und der Rohrleitungen zu rechnen ist. Auch die
nasse Luftpumpe, die das ganze Fallwasser aufzunehmen hat, ist für solche Fälle fähig zu halten.
Und daher die großen Ansprüche *Jelineks*, der
sich nur der nassen Luftpumpe bedient, an das
Volumen derselben: sie muß viel Raum als Re-
serve halten und wird dadurch meist für normale
Verhältnisse unbequem groß. Das ist einer ihrer
prinzipiellen Nachteile, von denen die trockene
Luftpumpe nicht behelligt wird.

Wir bedienen uns der Luftpumpe, um die mit
den Dämpfen eingebrachten Gase und die etwa
nicht kondensierten Dämpfe aus dem Kondensator zu entfernen. Wie groß das Volumen derselben ist, weiß angesichts des fortwährenden
Wechselns der Bedingungen, unter denen sie entstehen, niemand zu sagen, auch der nicht, der es
zu wissen behauptet und beschwören würde.
Diese Unkenntnis findet auch ihren Ausdruck in
den verschiedensten Abmessungen der Luftpumpe, die man für ein und dieselbe Aufgabe
angewendet findet.

Aus der Praxis der Zuckerindustrie sind
Luftpumpen bekannt, die mit dem Prädikat
„mindestens ausreichend" bedacht werden, welche
für jedes kg Dampf von 60°, welches in den
Kondensator kommt, 100 l vom Kolben ge-
fördertes Volumen aufweisen. Dagegen gibt es Konstruktionen, die von der
Luftpumpe das Fünffache und mehr verlangen. Es gab auch mal Zeiten,
in denen große und übergroße Luftpumpen zu bauen und zu benutzen zu
einer Liebhaberei wurde und für vornehm galt. Solche Übertreibungen
kosten viel Dampf und bringen keine Vorteile. Alle Unvollkommenheiten
unserer Einrichtungen in Apparaten und Rohren, in deren Material und

Zusammenbau, treten bei weiterer Verminderung des Druckes im Kondensator, auf die es doch nur abgesehen sein kann, nur um so deutlicher zutage, je tiefer wir damit gehen; und auch die erstrebte Tieferlegung der Temperatur bringt (z. B. bei den Zuckersäften) den Nachteil des erschwerten Kochens wegen der wachsenden Zähflüssigkeit vieler abzudampfenden Lösungen. Man kann sagen, daß sehr tiefe Temperaturen ein seltenes Erfordernis sind, auf welches dann natürlich besondere Rücksicht zu nehmen geboten ist.

Die wichtigste Bedingung für den Bau der Luftpumpe ist damit zu erfüllen, daß das von ihr aufgenommene Quantum von Gasen usw. bis auf den Rest vom Kolben aus der Pumpe ausgestoßen wird, damit dieser nicht erst einen Teil seines Rückweges zurückzulegen braucht, um ein zurückgebliebenes Quantum von atmosphärischer Spannung auf ein Volumen auszudehnen, welches die Spannung hat, die im Kondensator herrscht. Denn erst dann, wenn die Spannung so weit gesunken ist, kann die Pumpe ein neues Quantum aus dem Kondensator schöpfen. Das heißt, den toten Raum vermeiden und einen hohen volumetrischen Effekt erzielen damit, daß man den ganzen Kolbenweg nutzbar werden läßt. Wenn man nun für Laboratoriumszwecke und auch wohl für ganz besondere Fälle der Praxis so weit geht, daß man Kolbenfläche und Zylinderdeckel genau aufeinander abformt und am Ende des Kolbenweges den Kolben an den Zylinderdeckel anstoßen läßt; und wenn man Saug- und Druckventil-Sitzflächen in die Deckel- und Kolbenebenen einläßt, so ist das doch eine Maßnahme, die für die große und grobe Praxis der Fabrikbetriebe nicht die geeignete sein kann. Man ist daher andere Wege gegangen und hat entweder den toten Raum zwischen Kolben, Deckel und Ventilen mit einer Flüssigkeit angefüllt und angefüllt erhalten, oder man hat mit einer zweiten Pumpe den Rest der Gase so weit expandieren lassen, daß der Kolben der eigentlichen Luftpumpe bei seiner Umkehr schon diejenige Spannung vorfand, wie sie der Kondensator erzeugt. In diesen beiden Methoden, die der Erfindung der Luftpumpe durch *O. v. Guericke* (1602 bis 1686) bald folgten, liegen die Anfänge einerseits der sog. nassen Luftpumpe, wie sie *J. Watt*, der auch der Erfinder des Kondensators ist, schon gegen 1770 benutzte, um den Effekt seiner Niederdruck-Dampfmaschine zu erhöhen, andererseits der trockenen Luftpumpe mit dem Übertritt der restierenden Gase von der Druckseite nach der Saugseite des Kolbens in ein und demselben Zylinder.

Die nasse Luftpumpe — seit dem Jahre 1830 für die Vakuum-Kochapparate der englischen Raffinerien in Benutzung — ist der Repräsentant der Bequemlichkeit, denn alle ihre Organe sind mit Wasser bedeckt und somit genügend dicht: Luft- und Gasverluste sind so gut wie nicht vorhanden.

Die trockene, doppelt wirkende Luftpumpe (die nassen waren stehende, paarweise, einfach wirkende Pumpen) in liegender Form erhielt durch *Weiß*-Basel die vorhin genannte Verbesserung des Ausgleiches der Spannung beim Kolbenwegwechsel. Diese Einrichtung ist in den folgenden Figuren erläutert. Der Übertritt der Restgase von der einen Seite zur anderen wird durch einen Doppelschieber veranlaßt. Man denke sich den Schieber $a'\,c\,c\,b'$ (Fig. 16), der sich nach links bewegt, noch einmal um ein kleines Wegstückchen zurück, also etwas rechtsstehend, dann findet man die linke und rechte Seite des Zylinders über den Kolben hinweg durch die Kanäle $a''\,c\,c\,b''$ miteinander in Verbindung. Das ist die kurze Zeit, während welcher die links vom Kolben den toten Raum füllenden, bis zum atmosphärischen Drucke gebrachten Gase den Weg nach der rechten Kolbenseite finden, wo nur der Druck der Kondensatorgase herrscht. Der Ausgleich des Druckes hat stattgefunden.

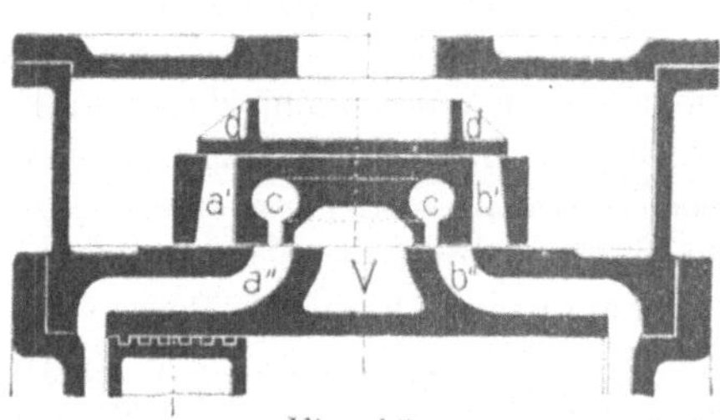

Fig. 16.

In der gezeichneten Schieberstellung sind für diesen Augenblick alle Verbindungen aufgehoben, alle Kanäle sind geschlossen.

Bewegt sich der Schieber nun weiter nach links, so vermittelt die Muschel des Schiebers die Verbindung des Saugraumes V mit der linken Kolbenseite durch den Kanal a'', und der nach rechts gezogene Kolben vergrößert den Raum links, der sich mit Kondensatorgasen anfüllt. Auf der rechten Kolbenseite werden die Gase komprimiert, sie strömen durch den Kanal b'' in den Schieberabteil b'; und wenn sie den Außendruck der Atmosphäre, die den Schieberkasten erfüllt, überwunden haben, heben sie die Deckplatte d und stoßen die Gase ab, so lange, bis der Kolben seinen Weg nach rechts vollendet hat. Dann tritt rechts der Ausgleich des Druckes ein, wie wir ihn vorhin links verfolgt haben, und der Kolben wendet sich wieder nach links.

Der Schieber hat eine lineare Voreilung um die Kanalbreite c und hat seine größte Geschwindigkeit, wenn der Kolben am Ende der Hübe seine kleinste hat. Daher ist die Druck-Ausgleichszeit kurz und vollzieht sich, während der Kolben fast bewegungs-

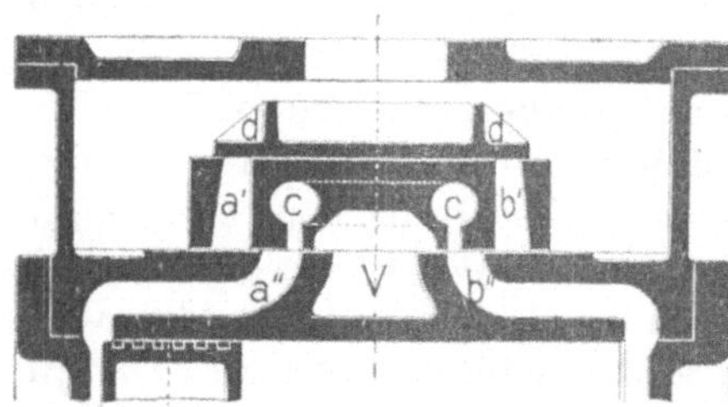

Fig. 17.

los ist. Wenn der Kolben seinen Rückweg antritt, ist der Ausgleich eben beendet. Der Ausgleich vollzieht sich also auf dem letzten Wegende des Kolbens, aber dabei deckt die Platte d die Kanäle a' und b', so daß die bereits ausgestoßenen Gase nicht zurückströmen und am Ausgleich nicht etwa teilnehmen können.

Die folgende Fig. 17 zeigt den Schieber in seiner Mittelstellung und läßt seine Einteilung klar erkennen. Die letzte Fig. 18 zeigt die äußerste Linksstellung des Schiebers.

Wie es immer geht, da viele Augen mehr sehen als zwei, so hat auch diese *Weiß*sche Erfindung in verschiedenen Formen ihre Ausbeute erfahren; auch eine kleine Pfuscherei ist nicht ausgeblieben: die Kanäle um den Kolben herum in seinen Endstellungen, oben und unten bei stehenden, rechts und links bei liegenden Zylindern. Der Fehler dieser allerdings einfachen, bestechlichen Konstruktion ist, daß die Ausgleichsperiode zu früh einsetzt und das Überströmen der auf den Atmosphärendruck gebrachten Gase nach der anderen Kolbenseite schon stattfindet, wo der Füllungsprozeß noch nicht vollendet ist. Ebenso wird die Ausgleichsperiode zu spät beendet, denn der Kolben muß schon ein Stück Rückweg zurückgelegt haben, ehe er selbst den Kanal ganz zudecken konnte. Dieses Wegstück ist für die Neuaufnahme von Gasen verloren. Mit diesen Kanälen ist vielleicht ein alter Schlendrian ausgetrieben, aber ein prinzipieller Fortschritt nicht gemacht. Diese kleinen Schäden hat *Weiß* feinfühlig vermieden.

Und trotz dieser — und vieler anderer — Vervollkommnungen ist man wieder auf dem Rückwege zum Alten. Man hat eben, wie im Rivalisieren zwischen Panzerplatte und Geschütz, wobei immer eins das andere herausfordert, gelernt, die alten Pumpen sorgfältiger herauszuarbeiten. Das Ziel ist immer dasselbe: die Verkleinerung der schädlichen toten Räume.

Frühere Vorfälle, daß Brüche an irgendeinem Teile der Luftpumpe oder an deren Antrieben durch Eindringen von Wasser aus dem Kondensator veranlaßt wurden, haben auch

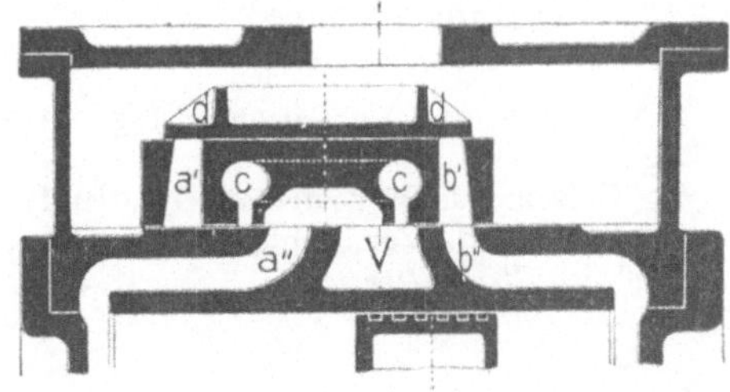

Fig. 18.

dahin Vorsicht gelehrt, daß man solche Wasser„schwappe" sorglich vermeidet, meistens durch Anbringung eines kleinen Hohlkörpers, den man von den zur Luftpumpe geführten Gasen durchziehen läßt und etwa mitgerissenes, hier ausgeschiedenes Wasser in einem besonderen Fallrohre ableitet. Ist man sicher vor dem Eindringen solcher Wasserteile, so liegt auch nichts vor, was der Verengung der toten Räume zwischen Kolben und Böden bis aufs kleinste ernstlich entgegenstände. Auch leichte und leichtgängige, gut geführte Ventile, die Druckventile möglichst tief im Zylinderdeckel angebracht, sind die Errungenschaften der Neuzeit, die imstande sind, die alte Einfachheit wieder herzustellen und bevorzugen zu lassen.

Es wäre über das Kapitel „Luftpumpen und Luftpumpenkonstruktionen" wohl manches Interessante zu berichten, aber wir müssen hier auf eine Monographie der Luftpumpen verzichten.

In jetziger Zeit ist viel von rotierenden Luftpumpen die Rede. Es sind entweder Zentrifugalpumpen, die das Gemisch von Kühlwasser und Kondensatorgasen aus fein geteilten Turbinen ausschleudern, oder es sind Kombinationen von Strahlapparaten und Rotationspumpen. Man streitet sich heftig um die Bevorzugung des Neuen gegenüber dem bewährten Alten. Torheiten!

Jedenfalls sind die rotierenden Pumpen, wenn nicht etwa schon Wasserbestandteile den Ausschlag geben, vorzuziehen, wo rotierende Antriebe vor-

handen sind. Denn wenn schon der Kolben der Dampfmaschine und mit
ihm Pleuel und Kurbel verschwindet, so ist es fast selbstverständlich, daß
auch der Balancier mit allen seinen auf- und abschwingenden Gestängen
freiwillig seinen Abschied nimmt. Es ist keine Frage, daß durch den Wegfall aller periodischen Massenschwingungen viel Kraft gespart werden würde,
wenn es gelänge, alle Arbeitsmaschinen in Rotationsmaschinen umzuformen.
Wenn die Ausflußgeschwindigkeit des Kondensates aus den rotierenden
Pumpen dem Drucke der Wassersäule im alten Kondensator entspricht, so
ist theoretisch die Arbeit in beiden Fällen dieselbe. Ob diese Geschwindigkeit
genügen wird, die Gase aus dem Kondensator auszustoßen —, darauf kommt
es bei der Frage nach dem Kraftbedarfe an!

Die Typen dieser Luftpumpen sind:

Rotierende Luftpumpe nach *Westinhouse-Leblanc*[1].

Rotierende Kondensator-Luftpumpe, Bauart *Thyssen-Pfleiderer*[2].

Turbinenpumpe[3].

---

[1] Zeitschr. d. Ver. deutsch. Ing. 1911, 213: *Grunwald:* „Abdampfverwertungs-
anlagen".

[2] Zeitschr. d. Ver. deutsch. Ing. 1911, 318: Unter obengenanntem Titel.

[3] Zeitschr. d. Ver. deutsch. Ing. 1913: „Der Turbinenpumpenbau von *C. H. Jaeger
& Co.*" von *H. Mitter.*

VII. Die Anwärmungen.

Das Anwärmen, das Übertragen von Wärme aus Dampf auf Flüssigkeiten, mit dem wir uns hier zu beschäftigen haben, ist uns nichts Neues mehr: wir übertrugen schon bei der Kondensation der Flüssigkeitsdämpfe deren Wärme auf das Kühlwasser. Wir „schlugen die Dämpfe nieder", wir nahmen ihnen die Wärme, die sie aus Wasser zu Dämpfen gemacht hatte, und machten sie wieder zu Wasser. Das war ein Wärmeaustausch in unmittelbarer Berührung der Dämpfe mit dem Wasser, an dessen Stelle wir auch eine andere Flüssigkeit hätten setzen können. Diese Methode der Anwärmung von Flüssigkeit in unmittelbarer Berührung derselben mit dem Dampfe war früher „gang und gäbe" und so allgemein gebräuchlich, daß man sie auch da (wie in der Zuckerindustrie) anwendete, wo sie sichtlich höchst unökonomisch war: man verdünnte mit dem Dampfwasser die Flüssigkeiten (Lösungen), die man mit dieser Anwärmung für die Abdampfung des Lösungswassers vorbereitete; man machte damit zwei Fehler: man vermehrte das abzudampfende Wasser und ließ sich zugleich den Wert des Dampfwassers als Kesselspeisewasser entgehen. Man schätzte die Einfachheit dieses Verfahrens sehr hoch ein, man schaltete manche Unbequemlichkeit einer mittelbaren Wärmeübertragung durch Heizwände von vornherein aus und tröstete sich mit dem Gedanken, daß ja die Wiederabdampfung im Mehr-Körper-Apparate gar nicht so teuer sei, als es oberflächlich betrachtet aussah.

Das ist, seitdem man besser zu rechnen gezwungen ist, anders geworden: man vermeidet jede unnütze Verdünnung der abzudampfenden Flüssigkeit aufs strengste und weiß auch den Abdampf, den man nicht mehr als wertlosen Abfall betrachtet, besser einzuschätzen. Item: eine unmittelbare Einmischung des Dampfes in die anzuwärmende Flüssigkeit besteht nur noch im Kondensator, wo das Dampfwasser wegen seiner tiefen Temperatur und wegen seiner Beimengungen weniger Wert besitzt oder ganz unverwendbar geworden ist. In der Zuckerindustrie z. B. findet dieser Wärmerest noch Verwendung zur Rübenwäsche und Rübenschwemme; in anderen Industrien zur Vorbereitung des Rohmaterials oder ähnlich. Innerhalb der eigentlichen Fabrik ist die mittelbare Anwärmung durch Heizflächen die Siegerin geworden. Die Bedingungen für die Anwärmung von Flüssigkeiten gelten nur bis zur Erlangung einer gewissen Temperatur, die unterhalb des Siedepunktes derselben liegt. Wird der Siedepunkt der abzudampfenden Flüssigkeit erreicht, so treten wieder die Bedingungen der Abdampfung ein, bei der eine weitere Temperaturerhöhung ausgeschlossen ist.

Während des Anwärmens fehlt der Flüssigkeit die Entwicklung von Dampfblasen, die durch ihren Auftrieb einen Wechsel der Flüssigkeitsteilchen an den Heizwänden und auch einen Umlauf der ganzen Flüssigkeitsmenge hervorbringen würden. Der Unterschied im Gewichte heißer und weniger heißer Flüssigkeitsteile ist so minimal, daß durch diesen eine Bewegung nicht zu erwarten ist. Freilich, wenn die Erwärmung bis nahe an den Siedepunkt herankommt und der Heizdampf hoch genug temperiert ist, wird ein lokales Kochen in den oberen Flüssigkeitsschichten kaum zu vermeiden sein, und damit treten denn auch ebenda andere Erscheinungen auf. So ist denn bei der Anwärmung (ohne Dampfblasen) der Übergang der Wärme in die Flüssigkeit auf die Wanderung von einem ruhenden Flüssigkeitsteilchen auf das benachbarte angewiesen, und da Wasser und wässerige Lösungen recht schlechte Wärmeleiter sind, so ist der Vorgang der Anwärmung gegenüber dem der Abdampfung ein auffallend langsamer.

Man sucht also einen Wechsel der Flüssigkeitsteilchen an der Heizwandung auf andere Weise hervorzubringen und erreicht das teils damit, daß man Rührwerke, Schrauben oder Turbinen einfügt, die eine mehr oder weniger geregelte Strömung veranlassen, teils dadurch, daß man die anzuwärmende Flüssigkeit auf längeren Wegen die Heizflächen passieren läßt, wobei sie ständig die Lage der Teilchen unter sich und an der Heizfläche ändern. Immer ist es der Zweck solcher Maßnahmen, den Flüssigkeitsteilchen Gelegenheit zu geben zur Aufnahme von Wärme und die Wärmeaufnahme zu beschleunigen, während die Wärmemenge, die nötig ist, um eine Flüssigkeit von einer gewissen Temperatur auf eine andere gewisse Temperatur zu bringen, immer dieselbe bleibt, gleichviel, ob das langsam oder schnell geschieht.

Flüssigkeiten verschiedener Zusammensetzung stellen freilich verschiedene Ansprüche an diese Wärmemenge, auch gleichartige Flüssigkeiten, wenn sie verschiedene Sättigungsgrade haben; aber der Bedarf an Wärme ist nicht abhängig von der Zeit, in der die Anwärmung vor sich geht. Es kann wohl für eine gewisse Anwärmung mehr oder weniger Heizdampf verbraucht werden, aber aus diesem nur immer dieselbe Wärme, denn der Dampf von höherer Temperatur, den wir vielleicht wählen, um den Temperaturunterschied zwischen der heizenden und der beheizten Materie zu vergrößern, also die Dauer der Anwärmung zu verkürzen, kann nur weniger gebundene Wärme bis zu seiner Rückwandlung zu Wasser abgeben, als Dampf von weniger hoher Temperatur.

Wir erinnern uns, daß z. B.

$$1 \text{ kg Dampf von } 130° \text{ nur } 607 - 0{,}7 \cdot 130 = 607 - 91 = 516 \text{ WE,}$$
$$1 \text{ kg Dampf von } 100° \text{ aber } 607 - 0{,}7 \cdot 100 = 607 - 70 = 537 \text{ WE}$$

abgibt. Nun ziehen wir freilich aus dem ersteren Dampfe 1 kg Kondenswasser von 130°, aus dem letzteren von nur 100°, so daß wir aus dem Wasser von 130° noch 30 WE nutzbar machen könnten; aber das wäre nur möglich an anderer Stelle und unter anderen Bedingungen, und diese „andere Stelle" ist vielleicht nicht vorhanden und die „anderen Bedingungen" sind nicht gegeben!

Wir ersehen daraus, daß wir um so korrekter, um so sparsamer anwärmen, je kleiner der Temperaturunterschied zwischen Heizdampf und anzuwärmender Flüssigkeit eingestellt ist; und das beachten wir auch gern so weit, als die Zeit der Anwärmung nicht dadurch unleidlich lang wird. Wir werden gleich über die Grenzen der Heizdampf-Temperatur nach unten, also über die Mindesttemperatur des Heizdampfes gegenüber der Höchsttemperatur der anzuwärmenden Flüssigkeit unterrichtet sein.

Was wir vorhin andeuteten, wenn wir sagten: ,,Flüssigkeiten verschiedener Zusammensetzung, auch gleichartige Flüssigkeiten, wenn sie verschiedene Sättigungsgrade haben, stellen verschiedene Ansprüche an die Wärmemengen bei gleicher Temperaturänderung", heißt: sie haben verschiedene spezifische Wärme, sie erfordern für die Erwärmung oder Abkühlung um 1° nicht wie das Wasser 1 WE pro 1 kg, sondern weniger. Bei steigender Konzentration von Lösungen wird der Wärmebedarf geringer, bei Zuckerlösungen von 1,35 spez. Gewicht ($\sim$ 70% Zucker) ist der Wärmebedarf nur die Hälfte von dem des Wassers; bei Salzlösungen[1] sinkt der Wärmebedarf mit der Konzentration weniger tief, und — nebenbei gesagt — bei den Metallen, die wir als Material für Heizwandungen benutzen (Stahl, Messing, Kupfer) ist er 0,12 und auch wohl noch geringer als 0,10. Das Wasser bedarf also unter allem Genannten der größten Wärmemenge für seine Temperaturänderung. Die Materialien mit geringem Wärmebedarf heißen gute Wärmeleiter, die mit großem Wärmebedarf schlechte. Unter letzteren finden wir die Isoliermassen.

Daß der Unterschied des Wärmebedarfes für die Anwärmung von Flüssigkeiten (Lösungen in verschiedener Dichte) in der Praxis so wenig Beachtung findet, liegt wohl nur daran, daß er da noch zu gering ist, wo es sich in der Industrie um große Mengen handelt; er wird erst von Bedeutung, wenn die Mengen durch Abdampfung bedeutend kleiner geworden sind. Und dann ist es wieder umgekehrt das geringere Quantum, welches den Unterschied zu würdigen vergessen läßt. (In der Zuckerindustrie bedingt das Strontianverfahren der Melasseentzuckerung einen mehrmaligen Temperaturwechsel der Laugen, und die spez. Wärme erfordert hier Beachtung.)

Wenn eine beschränkte Flüssigkeitsmenge (bleiben wir bei 1 kg Wasser) von irgendeiner Temperatur (0°) an durch Dampf von irgendeiner Temperatur (100°), der sich fortwährend ergänzt, angewärmt wird, so ist die Temperaturdifferenz zwischen Flüssigkeitsmenge und Dampf bei Beginn der Anwärmung am größten, sie ist $100 - 0 = 100°$. Die Zeit ist hier die kürzeste und mag uns als Zeiteinheit (E) dienen.

Wenn die Temperatur der Flüssigkeit auf 10° gestiegen ist, so ist der Temperaturunterschied zwischen Dampf und Flüssigkeit kleiner geworden, er ist nur noch $100 - 10 = 90°$, und die Zeitdauer ist (so nehmen wir an) mit der Abnahme der Differenz größer geworden: sie ist $\frac{100}{90} \cdot E = 1,111.. \times E$ geworden.

---

[1] *Claassen:* Die Wärmeübertragung bei der Verdampfung von Wasser und wässerigen Lösungen. Sonderabdruck aus der Zeitschr. d. Ver. deutsch. Ing. 1902, Bd. 46.

Nehmen wir für eine zeichnerische Erläuterung, die ein klares Bild der Vorgänge bietet, ein Koordinatensystem an, in welchem die Temperaturstufen auf die Ordinaten, die Zeiten der Anwärmung auf die Abszissen übertragen werden, bei $10°$ die Strecke $a = 1,111 \times E$ die erforderliche Zeit für die Anwärmung von 0 bis $10°$.

Steigt die Temperatur der Flüssigkeit auf $20°$, so ist die Differenz $100 - 20 = 80°$, und die Zeit, die hierfür verbraucht wird, $\dfrac{100}{80} \times E = 1,25 \times E$; wir tragen sie als Strecke b ein.

So entstehen beim Steigen der Temperatur der Flüssigkeit um $10°$ die Strecken

a	b	c	d	e	f	g	h	$i \ldots$
1,111	1,250	1,429	1,666	2,000	2,500	3,333	5,000	$10,000 \ldots \times E$, zus. $= 28,29 \times E$

(In welchem Maßstabe die Werte für die Temperaturen und die Zeiten aufgetragen werden, ist, da es sich nur um Verhältniszahlen handelt, gleichgültig.)

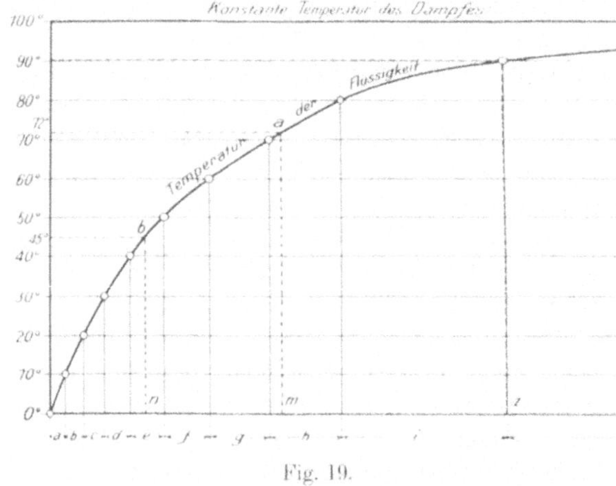

Fig. 19.

Die Kurve, die Verbindungslinie zwischen den Schnittpunkten von Temperatur und Zeit, zeigt den Verlauf der Anwärmung.

Dabei fallen einige Punkte auf:

Der Punkt a in der Kurve zeigt diejenige Temperatur an ($\backsim 72°$), welche erreicht wird, wenn (bei m) die halbe Zeitdauer der Anwärmung der Flüssigkeit von 0 bis $90°$ (Z) vergangen ist. In dieser Hälfte der Anwärmungszeit werden also $\backsim 72$ von den 90 WE übertragen, die zur Anwärmung eines Kilogramm Wassers von 0 bis $90°$ nötig sind.

Der Punkt b zeigt dagegen die Zeit an, die (bei n) verlaufen mußte, wenn die Hälfte der WE, welche von der Flüssigkeit bei Erwärmung von 0 bis $90°$ aufgenommen werden, aufgenommen wurde: die Flüssigkeit erreicht bereits die Temperatur $\dfrac{90}{2} = 45°$ beim Verlauf von $\backsim 6,450 \times E$.

Es fragt sich, warum halten wir bei der Anwärmung bis auf $90°$ inne? Weil von da an, wenn nicht schon früher, unser Geduldsfaden reißen möchte, da mit der Weitererwärmung über diesen Stand hinaus die Zeiten ins Unendliche wachsen. In der Tat ins Unendliche, denn die Temperatur des Heizdampfes, die wir festgelegt haben, werden wir in der Flüssigkeit nie erreichen! Wenn die Temperatur der Flüssigkeit $\cdot 100°$ werden könnte, wenn also die

Differenz zwischen der Temperatur des Heizdampfes (100°) und derjenigen
der Flüssigkeit (auch 100°) = 0 werden würde, so hätten wir als Anwärme-
zeit von 0 bis 100° zu erwarten $\dfrac{100}{0} \times E = \infty \cdot E$, und diese werden wir nicht
abwarten wollen!

Wir setzen wegen Mangel an Zeit die Anwärmung ab nach der alten
Regel, daß man 10 bis 15° vor der Temperatur des Heizdampfes von weiterer
Erwärmung der Flüssigkeit abstehen soll, wenn ein Betrieb nicht viel, nicht
sehr viel Zeit zuläßt. Wenn eine Flüssigkeit bis zum Siedepunkte gebracht
werden soll, so ist demnach für den Dampf eine Temperatur von wenigstens
110 bis 115° zu wählen.

Die Punkte a und b, resp. m und n, nähern sich mehr und mehr (Fig. 20),
je mehr sich Anfangs- und Endtemperatur der Flüssigkeit nahekommen, und
je weiter beide von der
Heizdampftemperatur
entfernt liegen ($a'\,b'$ und
$m'\,n'$); sie fallen zu-
sammen, wenn die
beiden ersteren zu-
sammenfallen, d. h.
wenn gar keine Tem-
peraturerhöhung statt-
findet. Schon bei einer
Temperaturerhöhung
um 10° (bei c'') sind sie

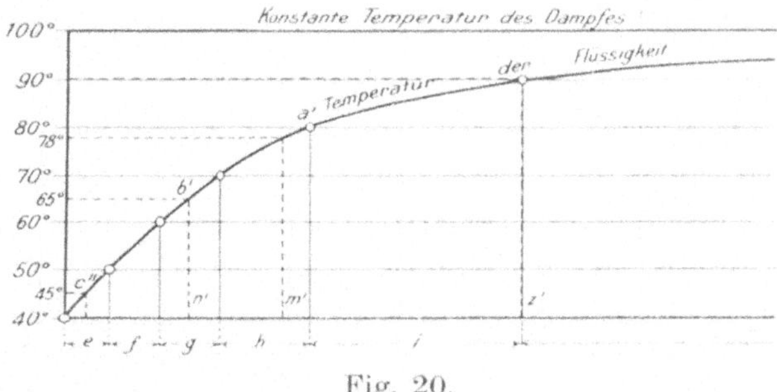

Fig. 20.

in unserem Diagramm zeichnerisch nicht mehr auseinanderzuhalten. Aber
wir sind noch nicht am Ende, denn unsere Voraussetzung, daß die konstante
Temperatur des Dampfes die allein maßgebende sei, trifft nicht zu. Wenn
wir nämlich einen Heizkörper mit Dampf von einer bestimmten Temperatur
(100°) füllen und auch gefüllt erhalten, so ist die Temperatur der Heizfläche
oder Heizwand keineswegs dieselbe, und auf die Temperatur dieser, die wir
unserer Aufstellung zugrunde legten, kommt es doch schließlich auch wohl
mit an!

Die Temperatur der Heizfläche ist nicht wenig tiefer gelegen als die
des Heizdampfes. Der Dampf, der auf die Heizwand stößt, erfährt schon
eine Abkühlung vor Berührung derselben, da vor der Heizwand schon der
Temperaturaustausch beginnt. Das erhellt, wie *Claassen* bekanntgegeben
hat, und wie es auch lange vor demselben bekannt war, daraus, daß das Kondenswasser aus diesem Dampfe mit tieferer Temperatur abfließt, als ihm
selbst eigen ist. Und wenn nicht ein fortwährender Nachstrom durch voll-
wertigen Heizdampf stattfände, so würde sich der Rückgang von Temperatur und Spannung wohl deutlich genug zeigen.

Es muß wiederholt betont werden: es handelt sich dabei nicht um Wärmeverluste, sondern nur um Temperaturverschiebungen, denn es ist schließlich fast gleichgültig, an welcher Stelle der Wärmeaustausch beginnt, ob

innerhalb des Heizkörpers schon im Dampfe oder außerhalb desselben an der Heizfläche; nur die Kondensationstemperatur wird verlegt. Eins wird dabei für die Anwärmung etwas günstiger: bei Tieferlegung der Kondensationstemperatur entführt das Kondensationswasser weniger Wärme, und was es weniger entführt, kommt der Anwärmung zugute. Wir sagten auch schon an anderer Stelle, daß der Heizdampf nur hochtemperiert sein solle, wenn die Anwärmezeit kurz bemessen ist. Die Temperatur der Heizfläche liegt am tiefsten, wenn auch die der anzuwärmenden Flüssigkeit die tiefste ist, sie steigt mit der Temperatur der Flüssigkeit, mit dem Kleinerwerden der Differenz zwischen Heizdampf- und Flüssigkeitstemperatur.

Es ist nicht unwahrscheinlich, daß dieses Steigen der Heizflächentemperatur bis hinauf zur Heizdampftemperatur im einfachen Verhältnisse zur Erhöhung der Flüssigkeitstemperatur steht. Wäre das der Fall, so würden

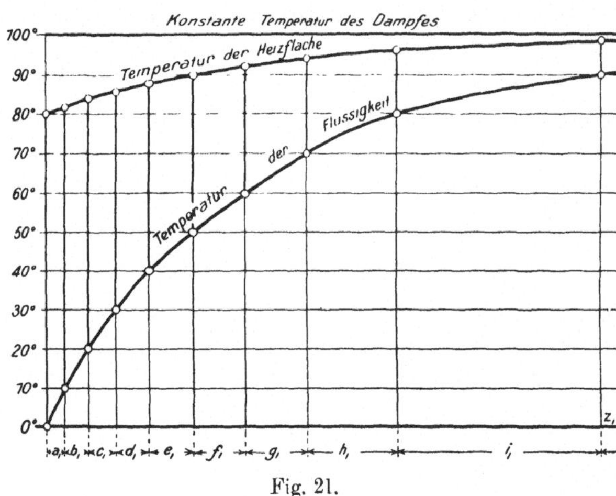

Fig. 21.

Heizdampf-, Heizflächen- und Flüssigkeitstemperatur im Unendlichen nach unendlich langer Zeit zusammenfallen, und zwar wäre dann die gemeinschaftliche Temperatur die des Heizdampfes.

Wenn der Wärmeübergang vom Dampfe in die Flüssigkeit nicht schon innerhalb des Heizkörpers seinen Anfang nähme, wenn also die Anwärmung nur von der Temperatur der Heizfläche abhinge, so würde die Folge sein, daß die Anwärmedauer, wie die einzelnen Zeitabschnitte a_1 b_1 c_1 . . . z_1 (Fig. 21), um so viel länger würde, wie die Temperaturdifferenzen zwischen Flüssigkeit und Heizfläche kleiner sind als die zwischen Flüssigkeit und Heizdampf. Angenommen, diese Differenzen verhielten sich wie 80 zu 100, so würden die Zeiten $\frac{100}{80} \times a = a_1$ . . . sein.

Wie weit der hemmende Einfluß der zwischen Dampf und Flüssigkeit eingeschalteten Heizwand reicht, wie groß die Verzögerung der Anwärmung durch eine Heizwand wird, ist noch nicht ermittelt und kann auch nicht ermittelt werden, weil wir auf eine unendlich dünne Wandung, die unsere Erkenntnis fördern könnte, verzichten müssen!

Wir hatten es hier mit Anwärmung begrenzter Mengen zu tun, deren Gefäße im allgemeinen mit „Pfanne" bezeichnet werden (Scheidepfanne, Maischpfanne, Würzpfanne usw.), und gehen nun zur Anwärmung strömender Flüssigkeiten über. Auf diesem ebenen Gebiete werden wir schneller vorwärts kommen.

Bei der Anwärmung regelmäßig fließender Mengen haben wir uns nur klarzumachen, daß kleine gleiche Teilchen derselben in geschlossener Folge demselben Prozeß unterliegen wie bisher größere Einzelmengen mit Unterbrechungen. Die nebenstehende Zeichnung (Fig. 22) soll eine Vorstellung davon geben. Die Stadien der Erwärmung liegen neben- und übereinander, der Wärmeübergang vom Dampfe in die Flüssigkeit vollzieht sich für die Flüssigkeitsteilchen ebenso wie vorher: zuerst beim Eintritt der Flüssigkeit am schnellsten, dann langsamer, und beim Austritt am wenigsten lebhaft, und die Heizfläche selbst wird zu Anfang am tiefsten, zu Ende am höchsten temperiert sein.

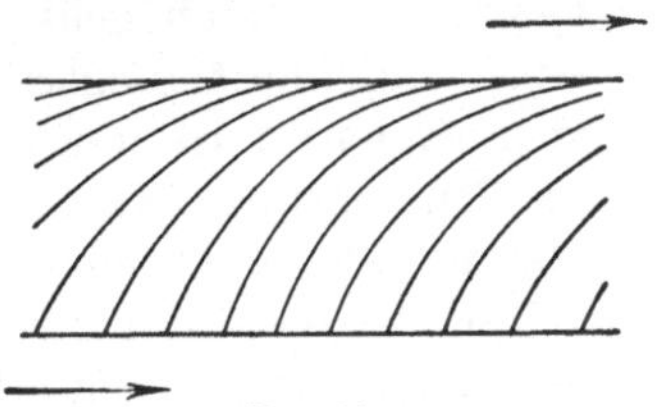

Fig. 22.

Je nach Konstruktion des Heizkörpers wird eine Strömung entstehen, die mehr oder weniger frei, oder aber einer Führung gehorchend, eine Regelmäßigkeit annimmt, von welcher der Fortschritt der Anwärmung abhängt.

Wiederum wird man sein Augenmerk darauf richten, daß die Flüssigkeit Gelegenheit findet, Wärme von der Heizfläche abzunehmen, daß die Flüssigkeitsteilchen ihre Lage an der Heizwand und ebenso unter sich die Lage wechseln, damit die Wärme von der Heizwand abgenommen und weitergegeben wird. Je öfter und je mehr das geschieht, desto kürzer wird die Dauer der Anwärmeperiode sein, während der Wärmeverbrauch für dasselbe Ziel derselbe bleibt.

Bei Flüssigkeiten, die nur für eine kurze Zeit auf hoher Temperatur gehalten werden dürfen, weil sie sonst eine Schädigung erleiden würden, wird immer schon auf kurze Anwärmezeit Wert gelegt werden. Auch andere Gründe können zur Eile treiben, wenn sich z. B. während der Anwärmezeit irgendein chemischer oder physikalischer Vorgang abspielen soll, der in kurzer Zeit seine Erledigung findet usw.; es kann auch umgekehrt eine Verzögerung der Anwärmung erwünscht sein, und es können Verhältnisse vorliegen, bei denen die Dauer der Anwärmung keine Rolle spielt. Für alle diese Anforderungen gibt es Mittel genug, sowohl für periodische als auch für kontinuierliche Anwärmung das Treffende zu finden. Man hat zur Wahl die Heizdampftemperatur, die Größen der Temperaturdifferenz zwischen Heizdampf und Flüssigkeit, die Heizflächengrößen und die Art, wie man den Wärmeaustausch leitet.

VIII. Vom Wärmeübertragungskoeffizienten.

Wir fragen nun endlich, wie bei jeder „Arbeit", nach der Zeit, innerhalb welcher eine Anwärmung oder Abdampfung — also ein gewisser Wärmeumsatz — vor sich geht. Ohne die Kenntnis der Zeit ist eine Leistungsbestimmung nicht möglich, und ebensowenig ein Vergleich von Leistungen untereinander. „In welcher Zeit hebt ein Aufzug welche Last wie hoch?" Jede Veränderung des Ortes (Translokation, Transportation) und jede Veränderung des Zustandes (Transformation) erfordert einen Aufwand von Kräften, der mit der Angabe der Zeit, in welcher die Veränderung vollbracht wird, zur „Arbeit" (Kraft × Weg × Zeit) wird, wobei Kraft und Weg die verschiedensten Formen annehmen können.

Es kann uns hier nicht interessieren, ob die Wärme früher als ein Stoff angesehen wurde, der von einem Körper zum anderen wandert, oder ob man jetzt Wärme als einen Schwingungszustand der Moleküle oder des Äthers zwischen den Molekülen — eins so unbegreiflich wie das andere — deutet: die Temperaturveränderung von Körpern und die Umwandlung des Aggregatzustandes sind mechanische Arbeiten, die den Faktor „Zeit" in sich enthalten. Wir fragen also mit Recht nach der Zeit, in welcher sich solche Veränderung vollzieht.

In unserem Falle stellt sich zwischen Wärmespender und Wärmeempfänger eine Wandung, die vorerst die Wärme aufnimmt und dann weitergibt, wir sind also zu der Frage nach der Fähigkeit dieser Wandung, die Wärme zu vermitteln, gezwungen. Denn von dieser Fähigkeit hängt die Größe der Fläche ab. Wir suchen schließlich also die Größe der Heizwandung, durch die wir eine gewisse Wärmemenge in gewisser Zeit übermitteln können. Die Einschiebung einer Heizwandung hat eine Verminderung des Wärmeaustausches zwischen Heizdampf und Flüssigkeit zur Folge.

Wir suchen also eine Heizfläche, die auch dieser Verminderung des Wärmeaustausches Rechnung trägt, die um so viel größer wird, wie sich das Wärmeübertragungsvermögen verschlechtert.

Im gleichen Sinne vergrößernd wirkt auf die Heizfläche die Verkleinerung der Temperaturdifferenz $(t_D - t_F)$ zwischen Heizdampf $_D$ und Flüssigkeit $_F$, wenn doch einerseits die Dampftemperatur auf die der Heizflächentemperatur herabsinkt, andererseits sich die (mittlere) Flüssigkeitstemperatur erhöht.

Daraus ergibt sich die bekannte Formel: $F = \dfrac{WE}{k \cdot (t_D - t_F)}$, die auch so gedeutet werden kann, daß man eine Heizfläche F sucht für eine größere Wärmemenge, als wirklich übertragen werden soll.

Wenn k zu seinem Vollwerte 1 anwächst, so wird $F = \dfrac{WE}{t_D - t_F}$; und wenn $t_D - t_F = O$ wird, d. h. wenn Heizdampf und Flüssigkeit keinen Tem-

peraturunterschied mehr zeigen, so kann auch durch eine unendlich große
Heizfläche keine Wärme mehr übertragen werden.

Es gilt natürlich auch $k = \dfrac{WE}{F \cdot (t_D - t_F)}$ usw., und so wüßten wir alles,
nur nicht die Hauptsache: die Größe k!

k ist eine Verhältniszahl, aus den Erfahrungen und Messungen gewonnen,
um deren Kenntnis sich *E. Hausbrand* und *H. Claassen* verdient gemacht
haben. Sie soll nur sagen, um wie viel die Übertragungsfähigkeit der für
die Praxis gesuchten Heizfläche gegen diejenige zurücksteht, die wir früher
als „ideelle" bezeichnet haben, als solche, welche die Dampfwärme ohne
jedes Hindernis und unverkürzt in die Flüssigkeit übertragen würde. *k gibt
uns die Zahl von Wärmeeinheiten an, welche wir — um zu einer Einheit zu
kommen — einem Quadratmeter Heizfläche zur Übertragung aus dem Heizdampfe in die Flüssigkeit pro Min. zumuten dürfen, wenn die Temperaturdifferenz zwischen Heizdampf und Flüssigkeit = 1° ist.*

Wir wissen wohl, daß wir auch damit noch nicht das Erschöpfende
gefunden haben werden, denn es ist uns nicht unbekannt, daß es keineswegs
gleichgültig ist, unter welcher Temperatur diese Differenz von 1° gelegen
ist; und ebenso, daß auch das Vielfache von dieser Einheit nicht die pro-
portionale Wirkung in allen Fällen haben kann; aber wir anerkennen diese
Formel als einen Wegweiser ins Mittelland. Wir würden uns mit weiteren
Ansprüchen ins Uferlose verlieren.

Wir suchen nun den Wert k aus der Erfahrung heraus festzulegen.

Wir haben früher schon erwähnt, daß die Wahl der Materialien, die als
Wandung geeignet erscheinen, aus verschiedenen Gründen sehr beschränkt
ist: wir haben Eisen, Stahl, Messing, Kupfer, deren Leitungsvermögen untereinander zwar sehr verschieden ist — Eisen und Stahl gegen Messing und
Kupfer etwa wie 375 gegen 900 (wobei Wasser 9,5 hat) —, aber so wenig
in Anspruch genommen wird, daß es den Anforderungen um ein Vielfaches
überlegen bleibt.

Wir sehen das durch die Erfahrung bewahrheitet, daß dieselbe Heizfläche bei gleichen Temperaturen des Heizdampfes einerseits, der Flüssigkeit
andererseits, im Falle des Kochens der letzteren 10 mal mehr Wärme vermittelt, als wenn sie sich im Anwärmezustande befindet.

Wenn wir demnach nach dem Wärmeübertragungskoeffizienten einer
Heizfläche fragen, so sind wir mit einer diesbezüglich richtigen Antwort
irregeführt, denn wir wollen in Wahrheit den Wärmeaufnahmekoeffizienten
der Flüssigkeit erfahren, und **dieser Koeffizient k soll uns die Zahl der
Wärmeeinheiten angeben, welche eine Flüssigkeit von einer 1 qm großen
Heizfläche pro Min. aufnimmt, wenn die Temperaturdifferenz zwischen Heizdampf und Flüssigkeit = 1° C ist.**

Und darin gibt es nun allerdings große Unterschiede!

Beiden, der Anwärmung und Abdampfung, ist gemeinsam, daß die
Leichtflüssigkeit der betreffenden die Aufnahme und Weiterverpflanzung der
Wärme in die immer ihre Lage verändernden Flüssigkeitsteilchen erleichtert,

wohingegen die Schwerflüssigkeit, Zähigkeit und Klebrigkeit das Gegenteil hervorbringt.

Ebenso wird in beiden Fällen eine durch mechanische Mittel erzwungene Bewegung dem Mangel an natürlicher abhelfen können.

Auch die Art der Strömung der Flüssigkeit gegen die Heizwand ist von Einfluß: die Bewegung quer gegen die Heizwand erzielt den stärksten Wärmeaustausch, weil namentlich hierbei die Flüssigkeitsteilchen unter sich am lebhaftesten verschoben werden und dadurch die Wärme zu verteilen gezwungen werden. Es ist dabei gleichgültig, ob die Flüssigkeit gegen eine feststehende Heizfläche oder die Heizfläche gegen die Flüssigkeit getrieben wird. Im letzteren Falle, bei Anwendung eines Heizrührwerkes, welches namentlich da seine Anwendung findet, wo es sich neben der Anwärmung zugleich um Einmischung von Fremdkörpern oder um Vermeidung des Zubodensinkens schwererer Stoffe handelt, ist darauf zu achten, daß ein Mitströmen der Flüssigkeit im Sinne der bewegten Heizwand (Taschen- oder Röhren-Heizkörper) vermieden wird, weil sonst die relative Bewegung des einen gegen das andere wieder aufgehoben würde, wobei der erhoffte Effekt ausbleiben müßte.

Bei stark eingedickten oder durch eingeworfene Ingredienzen am Fließen verhinderten Lösungen, für viele besondere Fälle, ist dieses Heizrührwerk das unentbehrliche und willkommene Mittel.

Wenn man von solchen Hilfsmitteln zur Förderung sowohl des Anwärmens als auch des Abdampfens durch Einleitung einer Bewegung absieht, so erkennt man recht deutlich, wie unterschiedlich die Bedingungen für die Wärmeübertragung für das eine und für das andere sind, und wie verschieden die Bedingungen, so auch die Effekte. Wir besprechen beide am besten getrennt voneinander.

a) Bei der Anwärmung von leichtflüssigen Lösungen beobachten wir als die von der Heizfläche eines Quadratmeters abgenommene, in sich aufgenommene Wärmemenge, bezogen auf einen Temperaturunterschied zwischen Heizdampf und Flüssigkeit = 1° C, etwa 4 WE. Das ist unser Wärmeaufnahmekoeffizient k, der sich — wie erläutert — aus verschiedenen Faktoren zusammensetzt: aus der Menge der pro 1 Min. übermittelten WE, aus dem Quotienten $\frac{1}{F}$, wobei F die Heizfläche in qm angibt, und aus $\frac{1}{t_D - t_F}$, wobei t_D die Temperatur des Heizdampfes und t_F die der anzuwärmenden Flüssigkeit in ihrem jedesmaligen Zustande bedeutet, also wechselt. Wenn für t_F eine mittlere Temperatur eingesetzt wird, so wird auch k ein mittlerer Durchschnittskoeffizient, und dieser ist im allgemeinen gemeint.

Er wird größer oder kleiner mit der Gunst oder Ungunst dieser oder jener Bedingungen. Man findet 6 und auch 3 WE, selten mehr und nur unter ganz besonders ungünstigen Umständen weniger.

b) Bei der Abdampfung, also beim Kochen der Flüssigkeit, beobachten wir 90 bis tief herab zu 2 WE; letzteres z. B. beim „Fertigkochen" von Zuckerfüllmassen, von dem noch am Schluß gesprochen werden wird. Dabei spielt der gänzliche Mangel an Bewegungsmöglichkeit der Massenteilchen eine gewichtige Rolle.

Über das beliebte „Von … bis" soll man sich nicht wundern bei der Unzahl von Bedingungen, die von den verschiedenen Industrien gestellt werden.

Es sei nur noch ergänzend — vielleicht nicht mehr hierher gehörig — darauf hingewiesen, daß der Wärmeaustausch zwischen Flüssigkeiten verschiedener Temperaturen durch Zwischenwandungen hindurch auffallend langsam vor sich geht, wenn nicht Bewegung der Flüssigkeitsteilchen hinzutritt.

Erfahrungssätze sind bei der Verdampfung:

Ein Vorverdampfer I überträgt pro 1 qm, 1 Min. und 1° Temperaturdifferenz nur etwa 40 bis 45 WE angesichts des Umstandes, daß seine Heizfläche zum Teil nur als Anwärmfläche dient; würde die abzudampfende Flüssigkeit mit der Siedetemperatur eintreten, so würde man mit 45 bis 50 WE rechnen können.

Ein Verdampfer I rangiert wie ein Vorverdampfer: erhält er Flüssigkeiten, die erst durch ihn auf die Siedetemperatur gebracht werden müssen, so darf man ihm nicht mehr als 40 WE zumuten; erhält er Flüssigkeiten mit Siedetemperatur und mehr (wie immer beim Vorhandensein eines Vorverdampfers), wohl reichlich 45 WE.

Ein Unterschied zwischen reinerem Kesseldampfe (des Vorverdampfers) und unreinerem Maschinenabdampfe (des Verdampfers) wird schon zu berücksichtigen sein.

Die folgenden Verdampfer haben fallende Koeffizienten bis 13 WE herab, je nach Eindickung der Flüssigkeiten, und je nach den sinkenden Temperaturen; auch spricht hier der Wert (die Reinheit) der Dämpfe, resp. der Unwert der Dämpfe mit Untermischung von unkondensierbaren Gasen, ganz wesentlich mit.

IX. Der Vakuum-Kochapparat und seine Beheizung.

Obgleich er nichts anderes ist als ein gewissen Forderungen angepaßter Verdampfer, soll er hier doch als Einzelstück behandelt werden, weil er wirklich in seiner konstruktiven Eigenart als Einzelkörper vorkommt. Der Vakuum-Kochapparat vollzieht die letztmögliche Abdampfung.

Er verdankt der englischen Zuckerraffinerie, wenn auch nicht seine Erfindung, vielleicht nicht einmal seine erste industrielle Verwendung, so doch jedenfalls seine Bedeutung und Verbreitung.

Dem Vakuum-Kochapparate als Fertigkocher folgte erst später der Vakuumverdampfapparat als Helfer, und es ist manches Jahr ins Land gegangen, ehe man sich in der Rohzuckerfabrik beider Apparate in friedlicher gegenseitiger Ergänzung bedienen konnte.

Man darf also nicht vergessen, daß der Verdampfapparat mehr ein verallgemeinerter Kochapparat als umgekehrt der Kochapparat ein beschränkter spezialisierter Verdampfapparat ist.

Wenn die zuckerhaltigen Säfte durch Abdampfung des Wassers in kontinuierlicher Arbeit bis zu einem gewissen Grade der Eindickung (50 bis 60 Bx) gelangt sind, so setzt man gewöhnlich die Abdampfung aus, um sie (die Säfte) einer letzten Reinigung durch Saturation und Filtration zu unterziehen; aber auch, weil eine weitere Eindickung in der Abdampfstation Temperaturen voraussetzen würde, die man im letzten Körper nicht mehr anwenden könnte, ohne die ganze Reihe in ihrem Effekte, sei es durch Verkleinerung der Temperaturgefälle oder durch Verminderung der Stufenzahl, zu schädigen.

Wohl findet man Einrichtungen, in denen die Abdampfung in einem besonderen Abdampfer oder Abdampferpaare bei höherer Temperatur bis zum Erscheinen von Krystallen weiter verfolgt wird, aber bei weitem in den meisten Fabriken benutzt man die Unterbrechung der Abdampfung zum Zwecke der letzten Reinigung der Säfte zugleich zum Wechsel der Gefäße, führt die gereinigten Säfte (Dicksäfte) in Reservoire (Dicksaftkasten) und läßt sie aus diesen nach Bedarf in den Vakuum-Kochapparat übertreten.

Die Menge des Saftes, die man zunächst einläßt, um sie soweit abzudampfen, daß eine Übersättigung das Ausscheiden von Zucker in Form von Krystallen erzwingt, richtet sich danach, welche Korngröße man zum Schluß aller Abdampfung resultieren lassen will; denn auf Abdampfung zielt jede Operation, auch die im Kochapparate.

Da der Raum des Kochgefäßes ein nach Bestimmung beschränkter ist, so fragt es sich: soll der Nutzraum zum Schlusse des Sudes mit einer Kochmasse angefüllt sein, die von einer großen Zahl kleinen Kornes oder von einer kleinen Zahl großen Kornes, dessen Ausbildung auch von der Reinheit der Säfte abhängt, durchsetzt ist. Im letzteren Falle muß man natürlich von vornherein auf die kleinere Anzahl durch Einzug einer entsprechend geringeren Saftmenge bedacht sein. Wenn diese Saftmenge, je nach Wahl größer oder kleiner, bis zur Ausscheidung von Korn gediehen ist, ist das Volumen der Kochmasse für die ganze Sudzeit das kleinste.

Man hat einmal die Regel gelten lassen wollen, daß der Heizkörper so niedrig gehalten werden müsse, daß er in dieser kleinsten Masse eingetaucht läge, namentlich hat man in Frankreich lange streng darauf gehalten; aber die jetzt allgemein benutzten Röhrenkörper geben nur wenig, und bei sorgfältiger Bearbeitung des Oberbodens, worunter eine kleine Versenkung der Rohrmündung unter die obere Bodenfläche verstanden sein soll, gar keine Gelegenheit für schädliche Ablagerung von Krystallen, daß es genügt, wenn die wallende Kochmasse, die aus den Rohren herausquillt, die Oberfläche ständig bespült (Dr. *Brukner*).

Von da an, wo sich dieses kleinste Volumen der Kochmasse eingestellt hat, wächst es durch die periodischen Zuzüge von Saft, wobei unter immer wiederholter Abdampfung Zuckerteilchen ausscheiden, die sich an die zuerst erzeugten Krystalle ansetzen, nicht als selbständige Körperchen anhaftend, sondern sich im Werden mit ihnen vereinigend.

Mit dem Safte wird aber auch Nichtzucker eingezogen und die Kochmasse wird dadurch weniger beweglich, viskoser; das Entstehen von sich auslösenden Dampfblasen wird erschwert, die Siedetemperatur steigt, und auch die Wärmedurchdringung geht langsamer vonstatten.

Auch das Eindringen und Sichverteilen des nachgezogenen Saftes in die Masse wird immer schwieriger. Wenn er eingezogen wird — eigentlich: wenn er durch sein Eigengewicht und den äußeren Atmosphärendruck bei geöffnetem Ventile eingetrieben wird —, so hat er das natürliche Bestreben, vermöge seines geringeren spez. Gewichtes in der Kochmasse aufzusteigen und auf dem Spiegel derselben eine neue Schicht zu bilden. Die Folge wäre, daß der aus diesem Safte sich ausscheidende Zucker selbständige neue Krystalle bildet, die nicht reifen, nicht mehr auswachsen können. Sie bleiben „Feinkorn", was später zum großen Teile mit dem Sirup durch die Siebe der Zentrifugen entschlüpft.

Diese Feinkornbildung muß also vermieden werden, und das geschieht durch die Aufmerksamkeit des Kochers, der immer nur so kleine Portionen einläßt, daß sie sich als Mengen in der Kochmasse verlieren.

Es kann dem Kocher eine große Erleichterung geschaffen werden, wenn der neu ausscheidende Zucker sich an die schon vorhandenen Krystalle anzusetzen Gelegenheit finden kann. So finden wir gelochte Einziehrohre und für diesen Zweck besonders hergerichtete gelochte Kreisrohre, die möglichst tief eingelagert sind und am Boden ihren Halt finden. Auch haben wir schon bei der Verdampfung der Einrichtung Faber-Greiner (Fig. 23) Erwähnung getan, die das Einmischen des von einem Körper zum anderen übertretenden Saftes zum Ziele hat. Sie formt den Saftstrahl in dünne Schichten um, hat einen breiten Wirkungsbereich und ist — an tiefster Stelle

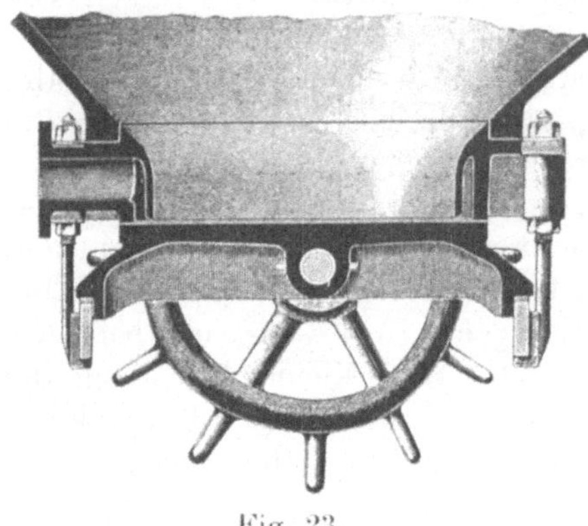

Fig. 23.

versteckt gelegen — nicht das geringste Hindernis gegen das Abfließen der fertigen Masse beim Abfüllen, wie es gewiß das eingehängte gelochte Kreisrohr an sich hat. Sie hat auch zu weiteren Verbesserungen Anlaß gegeben.

Es ist sehr wichtig, daß man sich von der Notwendigkeit der intensivsten Einmischung des Einziehsaftes in die Kochmasse überzeugt: es darf kein Einziehsaft durch die Masse hindurch nach oben dringen und auf derselben als neue Schicht lagernd, neues Korn bilden; der Einziehsaft muß in feinster Verteilung von der Kochmasse vollständig aufgenommen und absorbiert werden.

Die Kochmasse, je mehr sie sich der Vollendung nähert, verliert ihre Fließfähigkeit und also auch ihre Umlaufsfähigkeit. In diesem Zustande

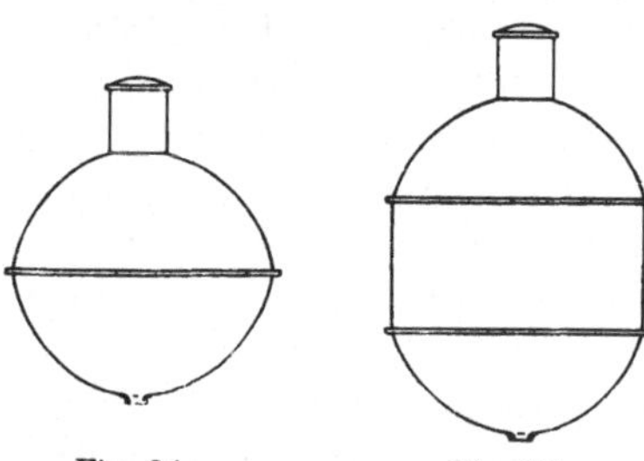

Fig. 24.   Fig. 25.

gibt es kein Mittel mehr, den Saft durch Zirkulation der Masse in dieselbe einzumischen. Weder Schrauben oder Flügel, noch Luft oder Dampf, bringen eine Zirkulation zustande, wie man sie bei den fließfähigen Säften in den Verdampfapparaten kennt. Bei den ersteren dreht sich die gegriffene Masse mit, bei den anderen kann man beobachten, wie sich die Masse oberhalb der aufsteigenden Blasen teilt und sich unter ihnen wieder schließt (das geschieht in den dünneren Säften zwar auch und erst recht, aber da ist es die große Menge der Blasen innerhalb enger Rohre, die trotzdem hebend wirkt!) — es entsteht also nur ein Lockern und Verschieben von Massenteilchen in engen Grenzen.

Und wenn die Zirkulation fehlt, so fehlt auch die Möglichkeit, vermöge einer Zirkulation Saft einzumischen. Auf die nur langsam arbeitende Diffussion innerhalb der Kochmasse kann man sich auch nicht verlassen, und so bleibt eben als ultima ratio die feine Verteilung des nachströmenden Saftes als wirkliches Hilfsmittel, eine gleichartige Füllmasse herzustellen.

Für das Ablassen der fertigen Kochmasse hat man mit der Form des Gefäßbodens zu rechnen, und hierin liegt eigentlich der wesentliche Unterschied zwischen Verdampf- und Kochapparat. Der Boden der ersten kleinen Kochapparate war mit Recht kugelig wie auch die Decke, aus Gründen der Widerstandsfähigkeit der dünnen Wandungen gegen den äußeren Atmosphärendruck.

Die Ablaufstutzen waren eng, hatten einen Durchmesser von einigen Zoll und genügten so, da es sich um dünnflüssige Raffinade oder später um blankgekochte Füllmassen handelte. Es schadete auch wenig, daß der unterste Teil des Bodens um den Auslaufstutzen herum fast in eine Ebene auslief. Diese kugelige Grundform des Bodens wurde — aus lieber Gewohnheit — beibehalten noch lange, als schon starkes Eisen an Stelle des dünnwandigen Kupfers getreten und von Festigkeitssorgen keine Rede mehr war. Die Apparate waren größer und groß geworden und mit diesem Wachsen hatte auch die Bodenfläche an Ausdehnung zugenommen, aber die Kugelform blieb oder änderte sich doch nur wenig. Dagegen kochte man steife schwerflüssige Füllmassen. Die Folge war, daß stets ein Rest der Füllmasse im Gefäße liegen blieb. Erst anno 1887 kam der Verfasser mit dem ersten konischen Boden heraus, der den Bedingungen eines richtigen Ausfließens gerecht wurde.

Fig. 26.

Zugleich mit diesem erschien ein neuer Heizkörper, der sich der Bodenform leicht anpaßte[1]. Es gab zum ersten Male Heizkörper, die nicht „Schlangen" waren, sondern aus vertikal gerichteten kleinen Gruppen oder Bündeln von je drei Kupferrohren bestanden. Die unteren Gefäßböden hatten und haben noch, da sich diese Schräge als passend erwiesen hat, einen Fallwinkel von 42°, d. i. 10 Rad. zu 9 Höhe. Das Material war Gußeisen. Es war ein Doppelboden, in welchen das Kondenswasser der Heizkörper einmündete. Dieses damals neue und gern aufgenommene Eingeweide ist wohl nun überall, wo es war, ausgebrochen und hat Ersatz erhalten.

Die seit etwa 1897 in den Vordergrund getretenen Heizkörper sind niedrige Zylinder, entweder mit eigener Wandung oder so in die Zarge eingebaut, daß diese zugleich die Wandung des Heizkörpers bildet, ganz so, wie wir sie bei den Verdampfapparaten kennen. Aber Ober- und Unterboden bei den Heizkörpern des Kochapparates sind — nur aus Rücksicht auf das Abfließen der Füllmasse — konisch oder auch kugelig, konvex oder konkav, je nach der Richtung, in welcher das Abfließen der Masse geschehen soll. Für Abfluß nach der Peripherie zu werden die in sich geschlossenen selbständigen Heizkörper mit nach der Mitte zu ansteigenden Bodenflächen — für Abfluß nach der Mitte zu die unselbständigen Heizkörper mit axialem Abfallrohre gewählt. Erstere werden frei im Raume hängend festgehalten, letztere haben ihre Stütze in der Gefäßwand. Die ersteren überwiegen in der Zahl.

---

[1] Ich habe schon an anderer Stelle des Entgegenkommens von seiten des Herrn *F. Hecker sen.* — Zuckerfabrik Gröningen — und seiner Mithilfe mit Dank gedacht.
Der Verfasser.

Wer als Erster[1] den flachen Verdampfapparat-Heizkörper zur Vermehrung der vorhandenen Schlangenheizfläche in den Kochapparat eingebaut hat, hat einen kühnen Schritt gemacht, wenn auch einen kleinen. Bald nach diesem Anlaufe entstieg der Fabrik *A. Wernicke*-Halle a. S. der *Haacke*sche Heizkörper (D. R. P. Nr. 78 805), welcher vielleicht nur den einzigen Fehler hatte, daß er in übertriebener Sorge um große Heizfläche zu hoch gebaut wurde. Nach kurzer Lehrzeit genügte er, auch mit seiner korrekten Form, allen Ansprüchen an einen Vakuum-Heizkörper und wurde der Typ für eine neue Gattung, die sich hoffentlich nun in allen nur denkbaren Variationen, Permutationen und Kombinationen von flachen, gewölbten und konischen Böden, die von den Hütten nur immer geliefert werden können, erschöpft hat.

Der Größe der Heizfläche genügt ein Verhältnis von 1 qm für je 200 bis 250 kg fertiger Füllmasse.

Wir kommen nun noch zur Besprechung der **Art der Beheizung.** Ja, die übertriebene Sorge um große Heizflächen!

Es will uns scheinen, daß man der Güte des Sudes, also der Herstellung gleichartigen Kornes, nur entgegenarbeitet, wenn man sich nicht mit einem einzigen möglichst tief liegenden Heizkörper genügen läßt, sondern, um recht viel Heizfläche nennen zu können, einen zweiten und dritten einbaut, die dann entsprechend dem geringeren Massengewichte in höherer Lage mit niedriger temperierten Dämpfen beheizt werden. Gegen diese Bauart ist aber einzuwenden: Je höher die Heizkörper im Apparate angebracht sind, desto später kommen sie zur Tätigkeit, und sie dürfen erst in Tätigkeit genommen werden, wenn sie von den Kochmassenteilchen bedeckt sind. Denn die Kochmasse besteht jetzt nicht mehr aus leichtflüssigem Safte, sondern aus zäherem klebrigen Sirup, dessen Spritzeln leicht haften bleiben. Wenn solche später von der höher aufsteigenden Masse abgeschmolzen werden, bilden sie Klumpen, die nicht leicht zerfallen. Der Vorteil, den man erreichen will: die Verkürzung der Sudzeit, wird also durch das spätere Einsetzen der Heizfläche sehr verkümmert. Aber hochgelegene Heizflächen fordern auch die Abdampfung der oberen Massenschichten, die immer die dünnsten — trotz aller Vorsicht — bleiben werden. Eine Beschleunigung der Abdampfung an dieser Stelle ist nicht am Platze, weil dem Sirup dadurch die Zeit genommen wird, langsam, wenn das Einziehen neuen Saftes eingestellt ist, also das Fertigkochen begonnen hat, in die Kochmasse zu versintern. Hochliegende Heizflächen geben also Gelegenheit, sogar Veranlassung zu Feinkornbildung in der oberen Schicht.

Und nun soll man sich nicht mit kurzer Sudzeit brüsten, denn „Gut’ Ding will Weile haben“! Die möglichste Erträgnis an Erstprodukt kann nur

---

[1] Ich erinnere mich, denselben in der Werkstätte der Herren *Gebrüder Forstreuter*, Oschersleben gesehen zu haben. Alle Fragen nach dem Besteller blieben ohne das erwünschte Resultat. Es war nach heutigem Maße ein kleiner Körper; er unterschied sich von den schon bekannten selbständigen flachen Körpern nur durch die weiten Rohre, er war niedrig und gedrungen gebaut.   **Der Verfasser.**

durch langsames Ausscheiden des Zuckers erreicht werden, er muß seinen Weg zu den Krystallen durch widerstrebende feine Schichten finden, und das erfordert in Rohzuckerkochmassen mehr Zeit als in reineren Säften. Darüber ist jetzt — seit *Wulffs* Arbeiten — nicht mehr zu streiten. Es muß also auf den Ruhm kurzer Sudzeiten verzichtet werden!

Sehen wir aber zu, wie wir längere Sudzeiten im Interesse billiger Beheizung nutzen!

Nach und nach erst wird durch Eindampfung des Dicksaftes von etwa 1,26 eine Füllmasse von angenähert 1,5 spez. Gewichte.

Es ist leicht einzusehen, daß sich bei dem Wachsen des Kochmasseninhaltes und zugleich bei der Zunahme des spez. Gewichtes desselben im Laufe der Sudzeit sehr verschiedene Ansprüche an die Temperatur des Heizdampfes einstellen müssen. Der erste Einzug ist ja der Qualität nach der Inhalt des letzten Körpers der Verdampfung: Saft von etwa 58° Bx, der auf dem Wege zum Vakuum-Kochapparate noch einmal saturiert und filtriert, aber auch noch auf etwa 90° nachgewärmt worden ist. Dieser Dicksaft kochte im vierten Körper der Verdampfung bei etwa 65°, beheizt mit Saftdampf von 81°. Dasselbe würde für kurze Zeit auch im Vakuum-Kochapparate noch weiter geschehen können, da wir auch in diesem unter Einfluß eines mindestens gleich niederen Druckes arbeiten. Mit dem Wachsen und Schwererwerden des Inhaltes muß aber auch die Heizdampftemperatur Schritt halten, und wir wissen aus Erfahrung, daß auch bei hoch gekochten Suden, die an sich mit einem Drucke von 0,4 Atm. auf dem Heizkörper lasten, mit einer Heizdampftemperatur von 115° auszukommen ist, entsprechend einer Spannung von 1,7 Atm. abs.

Da man derartigen Dampf, und auch noch bis annähernd 130° höher temperierten, aus den Zuckersäften gewinnen konnte, ohne sie zu schädigen, so war der Schritt, auch den Kochapparat mit Saftdampf zu beheizen, was *Rillieux* bis dahin nicht erreicht hatte, sehr erklärlich.

Die Beheizung der Verdampfer mit Maschinenabdampf konnte solche Saftdämpfe selbstverständlich nicht hervorbringen, und so griffen *Greiner-Pauly* zur Beheizung der Verdampfung mit direktem Dampfe, so weit es sich um die Herstellung von Heizdampf für die Kochung handelte. Das war das Außergewöhnliche!

Um Saftdampf von 115 und mehr Grad zu erzeugen, gehörte also ein besonderer Körper, der „Vorverdampfer", in welchem der Dünnsaft auf 115 bis 125 (bei *Pauly* 121°) gebracht wird, unter dieser Temperatur kocht und soviel Dampf abschickt, als die Kochung verlangt. Ein selbsttätiges Heizdampf-Absperrventil (*Schneider & Helmecke*) sorgt dafür, daß die gewollte Saftdampftemperatur nicht überschritten wird.

Aus den Messungen des Kochdampfverbrauches, die Dr. *Pauly* seinerzeit in der Zuckerfabrik Mühlberg angestellt hat[1], ist nicht deutlich zu ersehen, wieviel Dampf für die Kochung der verschiedenen Produkte nötig war; er

---

[1] Zeitschr. d. Ver. f. d. Rübenzucker-Ind. d. Deutschen Reiches. März 1889.

hat den Bedarf für sämtliche Produkte zusammengefaßt und auch nicht angegeben, wie die Abläufe behandelt wurden. Man kann aus den Angaben nur schließen, daß im Durchschnitt zur Abdampfung von je 1 kg Wasser aus der ersten Kochmasse 1 kg Saftdampf von 121° verbraucht wurde, woraus wieder hervorgeht, daß dementsprechend vor der Einführung des Vorverdampfers für die gleiche Leistung 1,04 kg direkter Dampf von etwa 150° benötigt wurde, da beide dieselben nutzbaren WE enthalten.

Wir wollen bei diesen jedenfalls sehr angenäherten Werten bleiben trotz des Umstandes, daß Dr. *Pauly* den Sud mit dünneren Säften (45° Bx) begann, als wir jetzt gewohnt sind ($\sim$ 58° Bx).

Wir kehren wieder zu unserem Beispiele zurück, welches wir bei der ideellen Verdampfung behandelt haben: Verarbeitung von 100 000 kg Rüben in 24 Stunden. Wir hatten da pro Min. aus 90 kg Dünnsaft von 13° Bx 70 kg Wasser abzudampfen, und es verbleibt uns, aus 20 kg Dicksaft von 58° Bx, eine Füllmasse von 7% Wassergehalt herzustellen.

Die Verdampfung verbrauchte bei viermaliger Benutzung der Wärme 8700 WE in 16,4 kg Dampf (Abdampf von 108°).

Die Verkochung würde verbraucht haben, da aus 20 kg Dicksaft von 58° Bx etwa 8 kg Wasser entfernt werden, 4200 WE in 8 · 1,04 = 8,32 kg (direkter Dampf von 150°).

Wir hätten also in

a) bei Verdampfung und Verkochung, beide für sich bestehend,

verbraucht: 12 900 WE in 24,72 kg Dampf in beiden Formen.

Wir schalten nun einen Vorverdampfer ein, dessen Saft unter 118° kocht.

b) Verdampfung, Vorverdampfung mit einem Körper und Verkochung.

Wenn wir nun einen Vorverdampfer einfügen, so werden wir die minutlichen 90 kg Dünnsaft auf $\sim$ 118° anwärmen und aus diesen die verlangten 8 kg Heizdampf von 118° für die Verkochung entnehmen.

Die Anwärmung von 100° an kostet 90 (118 — 100) = 90 · 18 . . . . . $=$ 1620 WE

Die Abdampfung von 8 kg Wasser von 118° kostet:

  8 · (607 — 0,7 · 118) = 8 · 524,4 . . . . $=$ 4195 WE

                                   zusammen $=$ 5815 WE•

[An Heizdampf (dir. Dampf von 130°) werden verbraucht

$$\frac{5815}{607 - 0,7 \cdot 130} = \frac{5815}{516} = 11,27 \text{ kg.}]$$

Aber von diesen 90 kg Saft, die als Dünnsaft in den Vorverdampfer eintreten, gehen 90 — 8 = 82 kg als Saft in den Körper I der Verdampfung, so daß wir (in dem Vier-Körper-Apparate) nicht mehr 70, sondern nur 70 — 8 = 62 kg Wasser abzudampfen haben, und daß die Eingangstemperatur dieses Saftes nicht 100°, sondern 118° ist. Die Aufgabe der Verdampfstation heißt nunmehr: es sollen aus 82 kg Saft von 118° 62 kg Wasser pro Min. abgedampft werden.

Körper I. Da im Körper I eine Siedetemperatur von 100° innegehalten wird, so fällt der eintretende Saft auf diese herab und läßt frei werden

  82 · (118 — 100) = 82 · 18 . . . . $=$ 1475 WE

Es sollen verdampfen (nach Vorberechnung) unter 100°: **14,2 kg Wasser,** mit einem Aufwand von 14,2 (607 — 0,7 · 100) = 14,2 · 537 $=$ 7625 WE

[Da 1475 freie WE vorhanden sind, so hat der Heizdampf (108°) nur noch 7625 — 1475 = 6150 WE• aufzubringen, entsprechend

einer Menge von $\dfrac{6150}{607 - 0,7 \cdot 108} = \dfrac{6150}{531} = 11,58 \text{ kg.}]$

Körper II erhält mit dem Dampfe aus Körper I . . . . 7625 WE•
  und mit dem Safte, dessen Temperatur von 100 auf 91° abfällt.
  $(82,0 - 14,2)(100 - 91) = 67,8 \cdot 9$ . . . . 610 WE
  so daß für Verdampfung im Körper II vorhanden sind . . . . . . 8235 WE•

$$\text{Es verdampfen } \frac{8235}{607 - 0,7 \cdot 91} = \frac{8235}{543} = 15,1 \text{ kg Wasser.}$$

Körper III erhält mit dem übertretenden Safte, dessen Temperatur von 91
  auf 80° abfällt, $(67,8 - 15,1)(91 - 80) = 52,7 \cdot 11$ . . . . = 580 WE
  so daß für Verdampfung im Körper III vorhanden sind . . . . . . 8815 WE•

$$\text{welche verdampfen lassen } \frac{8815}{607 - 0,7 \cdot 80} = \frac{8815}{551} = 16,0 \text{ kg Wasser.}$$

Körper IV erhält mit dem Safte $52,7 - 16,0 = 36,7$ kg von 80°, die auf 65°
  abfallen, und frei werden lassen $36,7 (80 - 65) = 36,7 \cdot 15$ . . . . = 550 WE
  so daß für Verdampfung im Körper IV vorhanden sind . . . . . 9365 WE•

$$\text{Diese verdampfen } \frac{9365}{607 - 0,7 \cdot 65} = \frac{9365}{561} = 16,7 \text{ kg Wasser.}$$

Es sind verdampft: $14,2 + 15,1 + 16,0 + 16,7 = 62,0$ kg Wasser, wie verlangt.

b) Bei Einstellung eines Vorverdampfers zur Beheizung des Vakuum-Kochapparates
werden verbraucht:

    für den Vorverdampfer . . . 5815 WE = 11,27 kg dir. Dampf
    für die Verdampfung   . . . 6150 WE = 11,58 kg Abdampf
        zusammen   11965 WE = 22,85 kg Dampf in beiden Formen.

Wenn bei Körper I gesagt ist, „Es sollen verdampfen nach Vorberechnung", so
heißt das, daß eine Berechnung angestellt ist, die dieses nun fertige Resultat ergeben
hat. Diese Berechnung ist ein Probieren solange, bis das „wie verlangt" erreicht ist.
Die Übung in diesen Rechnereien erleichtert das Suchen.

Es soll auch noch einmal daran erinnert werden, daß die mit • bezeichneten WE
diejenigen sind, welche die Heizwände durchdringen müssen.

c) Verdampfung, Vorverdampfung in zwei Körpern, und Verkochung.

Wir fügen einen zweiten Vorverdampfer hinzu. Der Vorverdampfer I
soll mit direktem Dampf von 132° beheizt werden und unter 120° den Saft
kochen lassen; der Vorverdampfer II soll unter 110° Siedetemperatur stehen.
Der Saftdampf aus dem zweiten soll den Sud beginnen, der aus dem ersten
den Sud vollenden. Von beiden zusammen sollen wieder pro Min. 8 kg Saftdampf als Heizdampf für die Kochung erzeugt werden.

In den Vorverdampfer I kommen 90 kg Dünnsaft von 100°, die auf 120°
gesteigert werden. Dazu sind nötig $90 \cdot (120 - 100) = 90 \cdot 20$ . . . . . = 1800 WE
Es werden (wie vorberechnet) 6,5 kg Wasser unter 120° abgedampft, was
einen Aufwand erfordert von $6,5 \cdot (607 - 0,7 \cdot 120) = 6,5 \cdot 523$ . . . . . = 3400 WE
                              Zusammen 5200 WE•

[Der verbrauchte Heizdampf von 132° ist

$$\frac{5200}{607 - 0,7 \cdot 132} = \frac{5200}{515} = 10,1 \text{ kg.]}$$

Von 3400 WE gehen $4 \cdot 523 \backsim 2090$ WE zur Beheizung der Kochstation
ab. Es kommen also nur mit dem Dampfe aus dem Vorverdampfer I . . 1310 WE•
in den Vorverdampfer II.

Und mit dem Safte, dessen Temperatur auf $110°$ abfällt, kommen
$$(90 - 4) \cdot (120 - 110) = 86 \cdot 10 \ldots \ldots \ldots = \underline{860 \; \text{WE}}$$
so daß im Vorverdampfer II $\ldots \ldots \ldots \ldots \ldots \ldots \ldots 2170 \; \text{WE}$

zur Verfügung stehen. Diese verdampfen $\dfrac{2170}{607 - 0,7 \cdot 110} = \dfrac{2170}{530} \sim \textbf{4 kg}$ ab,

deren Dampf für die Verkochung (erste Hälfte) bestimmt ist.

Es sind also aus dem Safte abgedampft: $6,5 + 4 \sim \textbf{10,5 kg Wasser}$.

Demnach ändert sich wieder die Verdampfung, deren Aufgabe heißt:

Es sollen aus $90 - 10,5 = 79,5$ kg Saft $70 - 10,5 = \textbf{59,5 kg Wasser}$ abgedampft werden.

Körper I. Die $79,5$ kg Saft kommen mit $110°$ in den Körper. Da der Saft hier
bei $100°$ kocht, so werden frei $79,5 \cdot (110 - 100) = 79,5 \cdot 10 \ldots = \underline{795 \; \text{WE}}$
      Es werden (voraus berechnet) **13,6 kg Wasser** abgedampft, wozu
verbraucht werden $13,6 (607 - 0,7 \cdot 100) = 13,6 \cdot 537 \ldots \ldots \ldots = \underline{7305 \; \text{WE}}$
      [Der Heizdampf (Abdampf von $108°$) hat also nur $7305 - 795$
     $= 6510 \; \text{WE}^\bullet$ hinzuzubringen, entsprechend

$$\frac{6510}{607 - 0,7 \cdot 108} = \frac{6510}{531} = 12,26 \; \text{kg.}]$$

Körper II erhält mit dem Dampfe aus Körper I $\ldots \ldots \ldots \ldots 7305 \; \text{WE}^\bullet$
   Aus dem Safte werden frei $(79,5 - 13,6) \cdot (100 - 91) = 65,9 \cdot 9 \ . = \underline{593 \; \text{WE}}$
                zusammen vorhanden $\underline{7898 \; \text{WE}}$

$$\text{welche verdampfen} \ \frac{7898}{607 - 0,7 \cdot 91} = \frac{7898}{543} = \textbf{14,5 kg Wasser.}$$

Körper III erhält mit dem Dampfe aus Körper II $\ldots \ldots \ldots \ldots 7898 \; \text{WE}^\bullet$
   und mit dem Safte werden frei $(65,9 - 14,5) \cdot (91 - 80) = 51,4 \cdot 11 = \underline{565 \; \text{WE}}$
                zusammen vorhanden $\underline{8463 \; \text{WE}}$

$$\text{welche verdampfen} \ \frac{8463}{607 - 0,7 \cdot 80} = \frac{8463}{551} = \textbf{15,35 kg Wasser.}$$

Körper IV erhält mit dem Dampfe aus Körper III $\ldots \ldots \ldots \ldots 8463 \; \text{WE}^\bullet$
   und mit dem Safte $(51,4 - 15,35) \cdot (80 - 65) = 36,05 \cdot 15 \ldots = \underline{542 \; \text{WE}}$
                zusammen vorhanden $\underline{9005 \; \text{WE}}$

$$\text{welche verdampfen} \ \frac{9005}{607 - 0,7 \cdot 65} = \frac{9005}{561} = \textbf{16,05 kg Wasser.}$$

Es sind verdampft: $13,6 + \textbf{14,5} + \textbf{15,35} + \textbf{16,05} = 59,5$ kg Wasser, wie verlangt.

Das System c) erfordert:
<table>
<tr><td>für die Vorverdampfung . . .</td><td>5200 WE in 10,1 kg Dampf von $132°$</td></tr>
<tr><td>für die Verdampfung . . . .</td><td><u>6510 WE in 12,26 kg Dampf von $108°$</u></td></tr>
<tr><td></td><td>11710 WE in 22,36 kg Dampf in beiden Formen.</td></tr>
</table>

d) Verdampfung, Vorverdampfung in drei Körpern, und Verkochung.

Wir fügen einen dritten Vorverdampfer hinzu. Der Vorverdampfer I soll mit direktem Dampf von $135°$ beheizt werden und unter $125°$ den Saft kochen lassen; der Vorverdampfer II soll unter $117°$, der Vorverdampfer III unter $108°$ Siedetemperatur stehen. Der Vorverdampfer III bedient den Kochapparat in seiner ersten, der Vorverdampfer II in seiner mittleren, der Vorverdampfer I in seiner letzten Sudzeit. Von allen drei Vorverdampfern zusammen sollen für den ganzen Sud wieder 8 kg Saftdampf erzeugt werden.

In den Vorverdampfer I kommen 90 kg Dünnsaft von 100°, die auf 125° gesteigert werden. Dazu sind nötig $90 \cdot (125 - 100) = 9 \cdot 25$ . . . . 2250 WE

Es werden (nach Vorberechnung) 5,4 kg Wasser abgedampft, was einen Aufwand von $5,4 \cdot (607 - 0,7 \cdot 125) = 5,4 \cdot 519$ . . . . $= $ 2800 WE erfordert.   zusammen 5050 WE•

[Es sind vom Heizdampfe (dir. Dampf von 135°) zu erbringen

$$\frac{5050}{607 - 0,7 \cdot 135} = \frac{5050}{512} = 9,86 \text{ kg.}]$$

Von den $5,4 \cdot 519$ WE werden $2,6 \cdot 519 = 1350$ WE nach dem Kochapparate (Endperiode) abgeschickt, und es gehen nur in den Vorverdampfer II: $2800 - 1350$ . . . . $= $ 1450 WE•

Dazu kommen mit dem Safte aus dem Vorverdampfer I $90 - 5,4 = 84,6$ kg, die auf 117° abfallen und also frei werden lassen $84,6 \cdot (125 - 117) = 84,6 \cdot 8 = $ 677 WE

so daß im Vorverdampfer II vorhanden 2127 WE

welche verdampfen $\dfrac{2127}{607 - 0,7 \cdot 117} = \dfrac{2127}{525} = $ **4,05 kg Wasser.**

Von den 2127 WE gehen $2,7 \cdot 525 = 1417$ WE nach dem Kochapparate (Mittelperiode) ab, so daß nur $2127 - 1417$ . . . . $= $ 710 WE• in den Vorverdampfer III gelangen.

Zu diesen kommen mit dem Safte aus dem Vorverdampfer II, dessen Temperatur von 117° auf 108° abfällt,

$$(84,6 - 4,05) \cdot (117 - 108) = 80.55 \cdot 9 \quad . . . . \quad 725 \text{ WE}$$

so daß im Vorverdampfer III vorhanden sind 1435 WE

Diese verdampfen $\dfrac{1435}{607 - 0,7 \cdot 108} = \dfrac{1435}{531} = $ **2,7 kg Wasser,**

deren Dampf nach dem Kochapparate (Anfangsperiode) geleitet wird. —

Es sind verwendet: 9,86 kg dir. Dampf von 135° mit 5050 WE.

Es sind abgedampft: $5,4 + 4,05 + 2,7 = 11,15$ kg Wasser.

Es sind abgeleitet: $2,6 + 2,7 + 2,7 = 8$ kg Dampf in den Kochapparat.

In die Verdampfung treten aus der Vorverdampfung:

$$90 - 11,15 = 78,85 \text{ kg Saft von } 108°.$$

Die Aufgabe der Verdampfung ist: aus 78,85 kg Saft sollen 58,85 kg Wasser abgedampft werden. Im

Körper I geht diese Temperatur auf 100° zurück, wodurch frei werden

$$78,85 \cdot (108 - 100) = 78,85 \cdot 8 \quad . . . . = \quad 630 \text{ WE}$$

Es werden (voraus berechnet) abgedampft **13,5 kg Wasser** mit 100°, was erfordert $13,5 \cdot (607 - 0,7 \cdot 100) = 13,5 \cdot 537$ . . . . $= $ 7250 WE

[Vom Heizdampfe (108°) sind demnach noch $7250 - 630 = 6620$ WE•

zu liefern, entsprechend $\dfrac{6620}{607 - 0,7 \cdot 108} = \dfrac{6620}{531} = 12,47$ kg.]

Körper II erhält mit dem Dampfe aus Körper I . . . . 7250 WE•

und mit dem Safte, dessen Temperatur von 100° auf 91° abfällt,

$$(78,85 - 13,5) \cdot (100 - 91) = 65,35 \cdot 9 \quad . . . . = \quad 588 \text{ WE}$$

so daß zusammen verfügbar sind 7838 WE

welche verdampfen $\dfrac{7838}{607 - 0,7 \cdot 91} = \dfrac{7838}{543} = $ **14,4 kg Wasser.**

Körper III erhält mit dem Dampfe aus Körper II . . . . 7838 WE•

und mit dem Safte, dessen Temperatur von 91° auf 80° abfällt,

$$(66,35 - 14,40) \cdot (91 - 90) = 50,95 \cdot 11 \quad . . . . = \quad 560 \text{ WE}$$

zusammen in III verfügbar 8398 WE

welche verdampfen $\dfrac{8398}{607 - 0,7 \cdot 80} = \dfrac{8398}{551} = $ **15,2 kg Wasser.**

Körper IV erhält mit dem Dampfe aus Körper III . . . . 8398 WE•
und mit dem Safte, dessen Temperatur von 80° auf 65° abfällt,
(50,95 — 15,2) · (80 — 65) = 37,75 · 15 . . . . = 536 WE

wonach im Körper IV verfügbar 8934 WE

$$\text{welche verdampfen} \frac{8934}{607 - 0,7 \cdot 65} = \frac{8934}{561} = 15,9 \text{ kg Wasser.}$$

Es verdampfen zusammen 13,5 + 14,4 + 15,2 + 15,9 = 59,0 kg Wasser (58,85) und es verbleiben 78,85 — 58,85 = 20 kg Dicksaft.

Das System d) erfordert:

für die Vorverdampfung . . . 5050 WE mit 9,86 kg dir. Dampf von 135°
für die Verdampfung . . . . 6620 WE mit 12,47 kg Abdampf von 108°
11670 WE mit 22,23 kg Dampf beider Arten.

Wir wollen der besseren Übersicht halber eine Zusammenstellung der Resultate aus den Systemen a) b) c) d) machen:

Wärme- und Dampfverbrauch
bei Abdampfung und Verkochung von 90 kg Dünnsaft (13,0° Bx), 20 kg Dicksaft (58° Bx) zu Füllmasse.

System	Verdampfung			Verkochung resp. Vorverdampfung			Zusammen	
	WE	kg Dampf	Gr. C.	WE	kg Dampf	Gr. C.	WE	kg Dampf
a) Vier-Körper-Apparat Vakuum-Kochapparat	8700	16,40	108	4200	8,30	150	12 900	24,72
b) Vier-Körper-Apparat Ein Vorverdampfer und Vakuum-Kochapparat	6150	11,58	108	5815	11,27	130	11 965	22,85
c) Vier-Körper-Apparat Zwei Vorverdampfer und Vakuum-Kochapparat	6510	12,26	108	5200	10,10	132	11 710	22,36
d) Vier-Körper-Apparat Drei Vorverdampfer und Vakuum-Kochapparat	6620	12,47	108	5050	9,86	135	11 670	22,33

Und zu diesen Ergebnissen noch einige Worte. Zuerst zu den Zahlen der für die Verdampfung verbrauchten WE.

Im Systeme a) gilt die Annahme, daß 90 kg Dünnsaft mit 100° in den Körper I eintreten. Im Systeme b) kommen aber nur 82 kg Saft mit 118° an diese Stelle; im Systeme c) nur 79,5 kg von 110°, im Systeme d) nur 78,85 kg mit 108°. In allen 4 Fällen sollen 20 kg Dicksaft übrig bleiben.

Im Systeme a) kommen mit dem Safte 90 · 100 = 9000 WE in den Körper I; im Systeme b) aber 82 · 118 = 9676 WE; im Systeme c) 79,5 · 110 = 87,45 WE; im Systeme d) 78,85 · 108 = 8515 WE, während zu verdampfen übrig bleiben: 90 — 20 = 70 kg Wasser, 82 — 20 = 62 kg Wasser, 79,5 — 20 = 59,5 kg Wasser, 78,85 — 20 = 58,85 kg Wasser. Die Verdampfung schließt dabei gut ab. Wenn auch die eingebrachten WE in c) und d) abnehmen, so wird doch auch die abzudampfende Wassermenge wesentlich weniger! Aber — auf Kosten der Vorverdampfung!

Wenden wir uns zur Vorverdampfung.

Die Erwärmung der ganzen Dünnsaftmenge (90 kg) von 100° auf 118°, 120°, 125° geschieht ja ganz allein nur, um den Vakuum-Kochapparat mit Saftdämpfen an Stelle von Kesseldämpfen beheizen zu können. Wir bedürfen dieser Temperaturen, je nachdem wir uns in der Vorverdampfung der einmaligen, zwei- oder dreimaligen Benutzung der Wärme bedienen. Der Wärmeaufwand für die Anwärmung ist nicht unbedeutend, und es fragt sich, ob er sich nicht vermindern läßt.

Schon vor Jahren hat der Verfasser vorgeschlagen, einen Teil von dem Dünnsafte abzutrennen und nur diesen für die Vorverdampfung zu benutzen, also anzuwärmen. Dadurch würde natürlich Wärme gespart, aber es sieht wieder nach mehr aus, als es ist, denn der Rest, welcher mit erhöhter Temperatur zur Verdampfung zurückgeht und die Verdampfung erleichtern soll, wird auch wieder kleiner. Aber wir werden doch immer eine Ersparnis finden.

Bilden wir uns ein System c_1), welches sich vom Systeme c) nur dadurch unterscheiden soll, daß wir statt 90 kg nur 38 kg Dünnsaft in die Vorverdampfung schicken, und also 38 kg auf 120° anwärmen, während wir 90 — 38 = 52 kg mit 100° zurücklassen.

c_1) Verdampfung, Vorverdampfung in zwei Körpern, und Verkochung.

In den Vorverdampfer I kommen 38 kg Dünnsaft von 100°, die auf 120° gesteigert werden. Dazu sind nötig 38 · (120 — 100) = 38 · 20 . . . . . . = 760 WE

Es werden (nach Vorberechnung) **7,5 kg Wasser** abgedampft, was einen Aufwand erfordert von 7,5 · (607 — 0,7 · 120) = 7,5 · 523 . . . . = 3922 WE

zusammen 4682 WE ●

[Der Heizdampf von 132° wird danach

$$\frac{4682}{607 — 0,7 \cdot 132} = \frac{4682}{515} = 9,09 \text{ kg.}]$$

Von den 7,5 · 523 WE gehen 4 · 523 = 2092 WE zur Verkochung (zweite Periode), und es bleiben für die Beheizung des Vorverdampfers II übrig (7,5 — 4,0) · 523 = 3,5 · 523 . . . . = 1830 WE ●

Dazu kommen mit dem Safte aus dem Vorverdampfer I, dessen Temperatur von 120 auf 110° abfällt, (38,0 — 7,5) · (120 — 110) = 30,5 · 10 = 305 WE

zusammen 2135 WE

Diese verdampfen $\dfrac{2135}{607 — 0,7 \cdot 110} = \dfrac{2135}{530} = $ **4,03 kg Wasser,** deren Saftdampf zur Verkochung (erste Periode) geleitet wird.

Zur Verkochung gehen also:

<table>
<tr><td>aus dem Vorverdampfer I   . . . 2092 WE</td><td rowspan="2">} = 4227 WE wie verlangt.</td></tr>
<tr><td>aus dem Vorverdampfer II . . . 2135 WE</td></tr>
</table>

Verbraucht werden **9,09 kg** Heizdampf von 132°.

Abgedampft werden 7,5 + 4,03 = 11,53 kg Wasser.

Es gehen 38,00 — 11,53 = 26,47 kg Saft von 110° in die Verdampfung zurück.

7*

In der Verdampfung bleiben $90 - 38 = 52$ kg Dünnsaft von $100°$, und es sind nun für die Verdampfung vorhanden

$$\begin{array}{r} 26{,}47 \text{ kg von } 110° \\ +52{,}00 \text{ kg von } 100° \\ \hline 78{,}47 \text{ kg von } \sim 103° \end{array}$$

da $\dfrac{26{,}47 \cdot 110 + 52 \cdot 100}{78{,}47} = \dfrac{2911{,}7 + 5200}{78{,}47} = \dfrac{81\,117}{78{,}47} = 103{,}2$ ist.

Die Aufgabe der Verdampfung ist nun:

Aus 78,47 kg Saft von $\sim 103°$ sollen 58,57 kg Wasser unter früheren Verhältnissen abgedampft werden.

Man ersieht von vornherein, wie auch schon gesagt wurde, daß die Verdampfung in c_1) wieder ungünstiger ausfällt als in c); denn in c) waren im Körper I in 79,5 kg Saft von $110° = 79{,}5 \cdot 110 = 87\,450$ WE, in c_1) sind daselbst in 78,47 kg Saft von $103°$ nur $78{,}47 \cdot 103 = 80\,825$ WE vorhanden.

Körper I: Es kommen aus der Vorverdampfung 78,47 kg Saft von $103°$.

Da die Siedetemperatur hier $100°$ beträgt, werden

$$78{,}47 \cdot (103 - 100) = 78{,}47 \cdot 3 \text{ WE frei} \quad \ldots \ldots \ldots = 235 \text{ WE}$$

Es mögen (voraus berechnet) **13,35 kg Wasser** abgedampft werden. Damit werden verbraucht $13{,}35 \cdot (607 - 0{,}7 \cdot 100) = 13{,}35 \cdot 537 \ldots = 7169$ WE [Seitens des Heizdampfes von $108°$ sind also nur $7169 - 325 = 6934$ WE•

zu liefern, entsprechend $\dfrac{6934}{607 - 0{,}7 \cdot 108} = \dfrac{6934}{531} = 13{,}06$ kg.]

Körper II erhält mit dem Saftdampfe aus Körper I $\ldots \ldots \ldots \ldots 7169$ WE•
und mit dem Safte, dessen Temperatur von $100°$ auf $91°$ abfällt,
$(78{,}47 - 13{,}35) \cdot (100 - 91) = 65{,}12 \cdot 9 \sim \ldots \ldots \ldots \ldots 586$ WE
so daß im Körper II verfügbar 7755 WE

welche verdampfen lassen $\dfrac{7755}{607 - 0{,}7 \cdot 91} = \dfrac{7755}{543} = $ **14,27 kg Wasser.**

Körper III erhält mit dem Saftdampfe aus Körper II $\ldots \ldots \ldots \ldots 7755$ WE•
und mit dem Safte, dessen Temperatur von $91°$ auf $80°$ abfällt,
$(65{,}12 - 14{,}27) \cdot (91 - 80) = 50{,}85 \cdot 11 \ldots \ldots \ldots \ldots = 560$ WE
so daß im Körper III vorhanden 8315 WE

welche verdampfen lassen $\dfrac{8315}{607 - 0{,}7 \cdot 80} = \dfrac{8315}{551} = $ **15,09 kg Wasser.**

Körper IV erhält mit dem Saftdampfe aus Körper III $\ldots \ldots \ldots \ldots 8315$ WE•
und mit dem Safte, dessen Temperatur von $80°$ auf $65°$ abfällt,
$(50{,}85 - 15{,}09) \cdot (80 - 65) = 35{,}76 \cdot 15 \ldots \ldots \ldots \ldots = 536$ WE
so daß im Körper IV vorhanden 8851 WE

welche verdampfen lassen $\dfrac{8851}{607 - 0{,}7 \cdot 65} = \dfrac{8851}{561} = $ **15,77 kg Wasser.**

Es sind zusammen abgedampft: $13{,}35 + 14{,}27 + 15{,}09 + 15{,}77 = $ **58,48 kg Wasser** wie verlangt.

Danach haben wir für c_1):

System	Verdampfung			Verkochung resp. Vorverdampfung			Zusammen	
	WE	kg Dampf	Gr. C.	WE	kg Dampf	Gr. C.	WE	kg Dampf
c_1) wie c, aber nur mit teilweiser Saftbeschickung der Vorverdampfung	6934	13,06	108	4682	9,09	132	11 616	22,15

Vergleichen wir nun den Verbrauch an WE, auf welchen es schließlich ankommt, so sehen wir die Zahlen für denselben in den

Systemen	a)	b)	c)	c_1)	d)
die sich verhalten wie	12 900	11 965	11 710	11 616	11 670
	11 054	10 253	10 034	9 954	10 000
oder wie	100,00	92,75	90,77	90,05	90,46

Wir finden, daß das System c_1) gegen c) einen Vorsprung hat, und sogar, daß c_1) noch sparsamer arbeitet als System d)!

Einen ähnlichen Rückgang würden wir ebenso für die Systeme a) b) d) erreichen, wenn wir auch hier die teilweise Saftbeschickung mit Dünnsaft für die Vorverdampfung durchführen würden.

Dieser Vorschlag des Verfassers ist seinerzeit unberücksichtigt geblieben, vielleicht aus folgenden Bedenken:

Bleiben wir bei c) und c_1).

In die Vorverdampfung des Systems c) treten 90 kg Dünnsaft von 13° Bx ein, wo im Körper I derselben 6,5 kg Wasser abgedampft werden. Damit sind die Dünnsäfte zu Säften von $13 \cdot \dfrac{90}{90 - 6,5} = 13 \cdot \dfrac{90}{83,5} = 14°$ Bx geworden, welche der Temperatur von 120° ausgesetzt werden.

Im Systeme c_1) werden nur 38 kg Dünnsaft von 13° Bx in den Körper I der Vorverdampfung geschickt, welche durch Abdampfung 7,5 kg Wasser verlieren. Dieser Dünnsaft von 13° Bx wird zu Saft von $13 \cdot \dfrac{38}{30,5} = 16,2°$ Bx und wird ebenfalls der gleichen Temperatur anheim gegeben.

Wer also die Furcht hegt, unter diesen Umständen an Qualität der Säfte eine Einbuße zu erleiden, der muß von der kleinen Ersparnis, welche das System c_1) dem Systeme c) gegenüber bringt, Abstand nehmen.

Da aber die Einrichtung, die dem Systeme c) angepaßt ist, in der Praxis ohne alle Umständlichkeiten für das System c_1) ausreicht, wie auch zu allen Teilungen zwischen c) und c_1), so ist ein Probieren gewiß zu empfehlen. — —

Wir gedenken noch eines Umstandes: der Rückgabe von WE aus den Kondenswässern. Wir haben diese bisher unbeachtet gelassen, weil sie nicht die behandelten Stationen, sondern eigentlich die Dampferzeugung in den Kesseln beeinflußt und weil sie, wo sie günstig wirken könnte, meistens nicht einmal zur Ausnutzung kommt. Denn wer wird für alle verschieden hoch temperierten Kondenswässer je einen besonderen Rückleiter einschalten?!

Es ist, um diese WE tunlichst auszunutzen, schon lange Usus geworden, die Kondenswässer aus einer Kammer in die folgende zu leiten, um soviel Wasser zu sammeln, wie zur Speisung der Kessel nötig ist. Wie schon früher besprochen, sind dabei von Kammer zu Kammer Kondenstöpfe oder sog. Trompeten einzuschalten, damit nicht Dampf verloren wird.

Wir wollen uns auch nur mit Kondenswässern beschäftigen, die aus Wasserdämpfen — nicht aus Saftdämpfen — entstanden sind, und finden da folgendes:

Systemen	Verdampfung		Vorverdampfung		Kochapparat		Summe
System a)	Aus 16,4 kg von 108°	1170 WE	—	—	Aus 8 32 kg von 150°	1248 WE	3018 WE
System b)	„ 11,58 kg von 108°	1250 WE	Aus 11,27 kg von 130°	1465 WE	—	—	2715 WE
System c)	„ 12,26 kg von 108°	1324 WE	„ 10,1 kg von 132°	1333 WE	—	—	2657 WE
System c_1)	„ 13,06 kg von 108°	1410 WE	„ 9.09 kg von 132°	1200 WE	—	—	2610 WE
System d)	„ 12,47 kg von 108°	1347 WE	„ 9,86 kg von 135°	1331 WE	—	—	2678 WE

Das System a), welches die meisten WE verbraucht, gibt wenigstens auch die meisten wieder zurück, und macht damit zum kleinen Teile den Schaden wieder gut. Die anderen Systeme b) c) c_1) d) unterscheiden sich nur wenig untereinander. Jeder Fachmann — gestehen wir's — ist von diesen Resultaten enttäuscht.

Und nun noch ein Wort

X. Über die Gleichmäßigkeit des Dampfverbrauches,

deren Grad von der Zahl der Kochapparate für dieselbe Leistung abhängt.

Wenn es in den früheren kleinen Zuckerfabriken an das Kochen im einzigen Vakuum-Apparate gehen sollte, dann wurde im Kesselhause Alarm geblasen, denn es hieß nun für die Heizer: die Schaufel rühren, ordentlich für Dampf sorgen! Dann wurde drauf los gefeuert.

Beim Größer- und Großwerden der Fabrikation schaffte man zwei und drei Kochapparate an, und diese Zahl vollbrachte es von selbst, daß sich die Kochperioden S — bestehend aus Kochzeit s und Abfüllzeit usw. p — ineinander schoben. Denken wir uns (Fig. 27, oben) den Dampfverbrauch eines Sudes in dem Dreieck a dargestellt, dessen Ordinaten h vom Beginn des Sudes bis zum Schluß desselben — wenn auch nicht arithmetisch so regelrecht wie skizziert — abnehmen, so haben wir ein angenähertes Bild des Dampfverbrauchwechsels: Zu Beginn des Sudes, in der Abdampfperiode, den größten Dampfverbrauch, abnehmend bis dahin, wo wir absetzen, wo die Kochmasse in ihrer Schwerflüssigkeit keine Wärme mehr in sich unterbringen und verteilen kann; dann die Pause p, wo der Dampfverbrauch überhaupt ruht: wir bewegen uns zwischen den Extremen Maximum und Null.

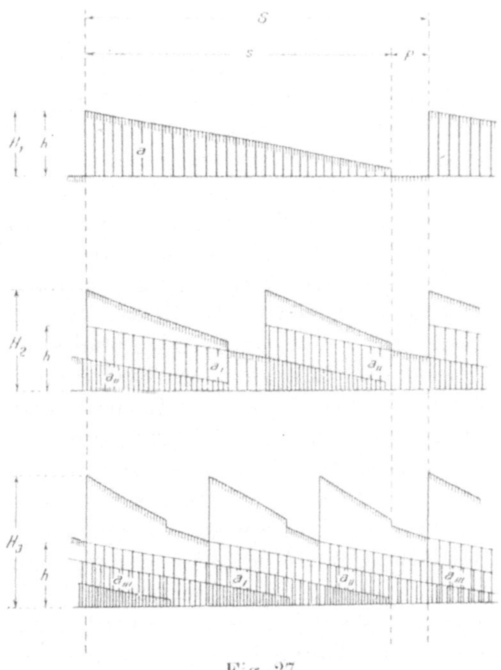

Fig 27.

Es ist selbstverständlich, daß man mit demselben Erfolge bei einem bestimmten Arbeitsquantum auch von Verkleinerung der Apparate reden könnte: es kommt immer nur auf die Zahl der Apparate für ein gewisses Pensum an, auf eine soundsooftmalige Teilung desselben. Es soll gesagt sein, daß unter jeder Bedingung, auch in nicht gerade großen Fabriken, das Arbeiten mit ineinander geschobenen Sudzeiten, mindestens mit zweien, von Nutzen ist.

Mit der verdoppelten Verarbeitung und mit der Einstellung eines zweiten gleichen Vakuum-Kochapparates schieben sich zwei Sudperioden S (mittleres Bild) ineinander, es addieren sich dann die Ordinaten h der ersten Sudzeit a_I mit denen der zweiten Sudzeit a_{II} und dann die Ordinaten der ersten Sudzeit a_{II} mit denen der zweiten Sudzeit a_I, und so fort immer abwechselnd. So entstehen durch Summierung der Höhen h, der Größen des jeweiligen Dampfverbrauches in jedem der beiden Kochapparate, die Höhen H als Summe derselben in beiden zusammen.

Im dritten (untersten) Bilde ist der Dampfverbrauch bei drei Kochapparaten dargestellt. In allen drei Bildern ist die Summe des Dampfverbrauches in der mit Schraffur versehenen obersten Linie dargestellt.

Diese Summen entsprechen selbstverständlich der doppelten und dreifachen Dampfmenge der ersten, aber das Verhältnis von Maximum zum Minimum wird immer günstiger mit der Anzahl der Kochapparate. Im ersten Falle ist zwar wie in jedem folgenden der Unterschied zwischen Maximum und Minimum $= h$; aber, während hierbei das Minimum Null wird, bleibt es in den anderen Fällen $\frac{1}{3} h$ . . $\frac{2}{3} h$ . . usw. gegen die Maxima $\frac{2}{3} h$ . . $\frac{4}{3} h$ . . !

Es ist hier, wie man wohl erkennt, nur um der Erläuterung willen von Verdoppelung und Verdreifachung des Arbeitsquantums gesprochen worden, da mit der Zahl der Teilungen die Gleichmäßigkeit des Dampfverbrauches wächst. Mit dem Wegfall großer Schwankungen in der Kochstation wird der ganze Betrieb bis in das Kesselhaus zurück günstig beeinflußt, und jeder Betriebsleiter wird diese Annehmlichkeit mit Genugtuung empfinden.

Für die Beheizung der Kochstation durch Saftdampf ist es geradezu Forderung, daß die Zahl der Kochapparate der der Vorverdampfer entspricht. (Es sei hier noch bemerkt, daß man ebensogut den Körper I der Verdampfung als Vorverdampfer benutzen kann, der zwar mit weniger Nutzen arbeiten wird, aber da ganz am Platze sein würde, wo man lieber Maschinenabdampf als etwas weniger direkten Dampf zu opfern Ursache hat. System c_1) als Zwei-Körper-Vorverdampfer in Verbindung mit Körper I der Verdampfung würde eine gute Kombination sein.) Jeder Vorverdampfer, also eventuell auch ein als solcher benutzter Verdampfer, erhält eine Saftdampfleitung, die sich vor der Reihe der Kochapparate hinzieht, und jeder Kochapparat kann aus jeder dieser Leitungen Dampf für seine Beheizung entnehmen, entsprechend dem Zustande und der Anforderung der Kochmasse. Der Saftdampf aus dem letzten der Vorverdampfer leitet jeden neuen Sud ein, und der aus dem ersten beschließt ihn. Es kann, wie die Praxis gezeigt hat, auch einmal eine kleine Anleihe aus diesem oder jenem Rohrstrange aufgenommen werden, ohne dem Ganzen zu schaden; wir wissen, daß sich durch Verschiebung der Temperaturen innerhalb der gegebenen Grenzen, die sich von selbst einstellt, manche kleine Unregelmäßigkeit ausgleichen läßt, wenn nur die Summe der Heizflächen als solche nicht zu knapp bemessen ist.

XI. Der Wärme- und Dampfverbrauch in der Zuckerfabrik.

(100 000 kg Rüben pro 24 Stunden, 70 kg Rüben pro Minute.)

Der Wärme- und Dampfverbrauch in der Zuckerfabrik hat sich im Laufe der Jahre gewaltig geändert, und zwar zu gunsten der Fabrikation.

Wir beschäftigen uns zuerst mit der Diffusion.

Noch *Jelinek* (1886)[1] rechnete mit 180% Rohsaft in Litern vom Rübengewichte in Kilogramm, Dr. *Pauly* (1889) mit 140%, Dr. *Claassen* (1901) mit 105%. Da das letztgenannte Verhältnis nicht immer für eine gute Auslaugung auszureichen scheint, wählen wir eine Rohsaftmenge von 110 L zu 100 kg Rüben als Unterlage für unser Beispiel.

Daneben geht das Bestreben sichtlich mehr und mehr dahin, die Schnitzel so schnell als möglich unter diejenige Temperatur zu bringen, welche man sonst erst inmitten des Diffusionsvorganges zu erreichen pflegte: Festhalten der Eiweißstoffe in den Schnitzeln, und infolgedessen die Säfte frei von diesen zu gewinnen, — das ist der Zweck der neuen Richtung.

Wenn in dieser neueren „heißen" Diffusion die frischen Schnitzel mit Säften von annähernd 100° in Mischung gebracht werden, so macht das den Eindruck, als ob hierbei eine Menge Wärme ganz unnütz daran gegeben würde. Das ist aber nicht der Fall: die hier eingebrachte Wärme geht nur andere Wege. Sie kommt sowohl der Diffusion zugute, indem sie diejenige Wärmemenge einschränkt, die man sonst den Kalorisatoren zu entnehmen gewohnt ist, als auch ebenso der Rohsaftanwärmung, welche man für gewöhnlich in anderer Weise zu bewirken pflegt.

Aber trotzdem hat die heiße Diffusion einen kleinen Nachteil gegenüber der bisherigen Methode: sie schaltet die Benutzung der billigsten Dämpfe (der Brüden, der Saftdämpfe aus dem letzten Körper der Verdampfung), welche man für den Beginn der Rohsaftanwärmung mit Vorteil benutzte, von vornherein aus, weil ihre Temperatur niedriger liegt, als die der aus der Diffusion genommenen Rohsäfte; an deren Stelle tritt heißerer teuerer Dampf oder Saftdampf, dem dieselben Wärmemengen, aber unter anderer Temperatur, entnommen werden.

Dieser kleine Schaden zerfließt in nichts gegenüber den Wohltaten, die die heiße Diffusion mit sich bringt.

---

[1] In der Zeit der österreichischen Steuer nach Diffuseurraum.

Wir vermerkten schon, daß ein Teil der für die heiße Diffusion eingeführten Wärme in die abgedrückten Rohsäfte übergeht. Wenn wir also Vergleiche beider Methoden anstellen wollen, so sind wir genötigt, Diffusion und Rohsaftanwärmung in eins zusammenzufassen.

A. Diffusion und Rohsaftanwärmung.

(Man beachte, daß während des Austausches von Wasser und Saft 70 kg Wasser zu $70 + 4 = 74$ **kg** Rohsaft, und 70 kg frische Schnitzel zu $70 - 4 = 64$ kg ausgelaugten Schnitzeln werden.)

Bisherige Diffusion.

Aus der Diffusion gehen aus:

66 kg ausgelaugte Schnitzel mit $32°$, entsprechend $66 \cdot 32$ . . . $= 2110$ WE

$1,1 \cdot 74$ kg Rohsaft mit $35°$ . . . . $= 2850$ WE

$1,1 \cdot 70$ kg Abfallwasser mit $30°$ . . . . $= 2310$ WE
$$\overline{ 7270 \text{ WE}}$$

Es kommen in die Diffusion:

70 kg frische Schnitzel mit $16°$ in Schwemme und Wäsche gewärmt, entsprechend $70 \cdot 16$ . . . . $= 1120$ WE

Zum Einmaischen $1,1 \cdot 70$ kg Wasser mit $30°$ . . . . 2310 WE

Zum Überdrücken $1,1 \cdot 70$ kg Wasser mit $30°$ . . . . 2310 WE
$$\overline{ 5740 \text{ WE}}$$

so daß es noch einer Zugabe bedarf von . . . . 1530 WE

Bisherige Rohsaftanwärmung.

Der erhaltene Rohsaft — $1,1 \cdot 70 \cdot 1,06 = 81,6$ kg — wird von 35 auf $90°$ angewärmt, und zwar sehr mit Recht in 2 Stufen. Die erste Stufe reicht bis etwa $52°$, wobei die Wärme des zur Kondensation geleiteten Brüdens unter entsprechender Ersparnis von Kühlwasser den Bedarf deckt; die zweite Stufe beginnt mit $52°$ und reicht bis zum Ziele $90°$. (Selbstverständlich gibt es auch weitere Teilungen, die vorteilhaft sind und auch benutzt werden; nur wird die Anlage teurer und vielleicht auch unbequemer oder unzugänglicher.)

Die erste Stufe erfordert $81,6 \cdot (52 - 35) = 81,6 \cdot 17 \infty$ . . . . 1390 WE

die zweite Stufe erfordert $81,6 \cdot (90 - 52) = 81,6 \cdot 38 \infty$ . . . . 3100 WE
zusammen 4490 WE

Diese geforderten WE werden also zum kleineren Teile dem Brüden des letzten Körpers der Verdampfung, welcher etwa $62°$ hält, zum größeren Teile einem Saftdampfe entnommen, der um $10°$ heißer ist als die Höchsttemperatur des anzuwärmenden Saftes. Dieser Forderung entspricht in unserem Beispiele der Saftdampf des Körpers I der Verdampfung mit $100°$.

Diffusion und Rohsaft-Anwärmung verbrauchen $1530 + 4490 = 6020$ WE.

Die heiße Diffusion

unterscheidet sich in ihrer Äußerlichkeit von der ersteren nur dadurch, daß der abgedrückte Rohsaft (statt $35°$) $70°$ erhält. Sonstige andere Veränderungen, z. B. höhere Temperatur des Diffusionswassers oder Teilung desselben in verschieden temperierte Partien usw. sind Fragen für sich. Daß die Temperaturerhöhung des Rohsaftes von $35°$ auf $70°$ (oder ähnlich) nur eine Folge anderer innerer Vorgänge ist, ist auch gleichgültig: es bleibt nur der prinzipielle Unterschied zwischen beiden Diffusionsmethoden bestehen, daß die heiße Diffusion an Wärme mehr erfordert als die bisherige $81,6 \cdot (70 - 35)$ $= 81,6 \cdot 35 \sim 2850$ WE, d. i. dieselbe Wärmemenge, welche

die neue Saftanwärmung

nunmehr weniger verbraucht, wenn sie den Rohsaft (statt von 35°) von 70° auf 90° zu bringen hat. Für diese Leistung bedient sie sich, wie in der vorherigen zweiten Stufe, des Saftdampfes aus dem Körper I der Verdampfung, aber die Anwärmung bis 52° ist bei der heißen Diffusion teurer bezahlt als bei der jetzigen!

Die Anwärmung der Rohsäfte erfordert hier noch $81,6 (90 - 70) \sim$. 1640 WE
Die Mehr-Anwärmung innerhalb der Diffusion erforderte . . . . . . 2850 WE
wonach auch hier der Bedarf an Wärme ist 4490 WE
und der Gesamtverbrauch in Diffusion und Anwärmung $1530 \mid 4490$ 6020 WE

Zwischenbemerkung. Man hat die Benutzung des Brüdens von etwa 62° vielfach aufgegeben, weil die Anwärmung des Rohsaftes in der ersten Stufe hiermit zu wenig Erfolg hatte. Man hat Saftdampf aus dem zweitletzten Körper für diesen Zweck gewählt, immerhin billigeren Dampf, als der aus dem Körper I ist. Die Stufenteilung wird dann etwa $35° - 70° - 90°$, und die zweite Stufe von 70° zu 90° wird dann die gleiche wie nach der heißen Diffusion. Die Maßnahme ist gutzuheißen.

Wenn wir uns hernach wieder mit der Verdampfung zu beschäftigen haben werden und vor der Entscheidung stehen, welchen Weg wir verfolgen sollen, so wollen wir den letzteren wählen, der für beide Richtungen dann eine gemeinsame Strecke hat, die Rohsaftanwärmung von 70 bis 90°.

Die Beheizung der Diffusion in den Kalorisatoren soll durch Saftdampf, da die Temperaturen innerhalb der Diffusion auf 80° steigen, aus dem Körper I der Verdampfung, die erste Rohsaftanwärmung (bisherige Diffusion) bis $\sim 70°$ durch Saftdampf aus dem Körper III der Verdampfung, die zweite Rohsaftanwärmung (beide Diffusionen) bis $\sim 90°$ soll wieder durch Saftdampf aus dem Körper I der Verdampfung bewirkt werden. (Die eventuelle Zwischenbeheizung der Diffusionssäfte der heißen Diffusion erfordert Saftdampf aus der Vorverdampfung).

B. Saturationen und Filterungen, Dünnsaft.

Saturation I: Zu dem Rohsafte kommen 5,7 kg Absüßer von 80° aus den ersten Filterpressen; sie haben zur Löschung des Kalkes gedient. Saft, dessen Temperatur auf 85° gesunken ist, werden zusammen auf 90° zurückgebracht. Dazu sind erforderlich

$$81,6 \cdot (90 - 85) + 5,7 (90 - 80) = 408 + 57 = \quad 465 \text{ WE}^{\bullet}$$
Aus der Vorverdampfung zu entnehmen.

Somit sind $81,6 + 5,7 = 87,3$ kg Saft von 90° für die Saturation II fertig.

Saturation II: Der Saft verliert durch Saturation und Filtration etwa 3°, und es kommen hinzu 1,4 kg Absüßer mit etwa 85°. Beides zusammen soll auf 95° gebracht werden, wozu erforderlich sind:

$$87,3 \cdot [95 - (90 - 3)] + 1,4 \cdot (95 - 85) = 87,3 \cdot 8 + 1,4 \cdot 10 \sim 700 + 14 \sim \quad 715 \text{ WE}$$
Aus der Vorverdampfung zu entnehmen.

Saturation III: Eine dritte Saturation und Filtration (letztere geschieht auf
    mancherlei Weise) und ein Nachwärmen auf 95°, ebenso ein Zulauf
    von etwa 1,3 kg Absüßern mögen zusammen etwa . . . . 320 WE
    erfordern, welche ebenfalls aus der Vorverdampfung zu entnehmen sind.

Daraus ergibt sich ein **fertiger Dünnsaft** von 90 kg bei 95°; wir
schätzen seine Dichte auf 13° Bx.

Bemerkung. Auf die Einrechnung des Wärmeverbrauches für ein
etwaiges Aufkochen des saturierten Saftes ist hier verzichtet, ebenso auf den
Dampfverbrauch durch sog. Schnattern zum Zerstören des Schaumes. Auch
die Zurückführung von Sirupen in die Roh- oder auch saturierten Säfte ist
hier nicht berücksichtigt, weil diese meistens in die Kochapparate eingezogen werden.

C. Behandlung des Dicksaftes vor der Kochung und der **Nachprodukte**
erfordern, soweit die Erfahrung lehrt, etwa 1600 WE; da aber die Abkühlungs-
gelegenheiten hier ziemlich groß sind, so sollen angenommen werden 1800 WE,
die die Vorverdampfung zu ersetzen hat.

D. Die Vorverdampfung und die Verdampfung erhalten nun folgende
Aufgaben.

Im ganzen werden 90 kg Saft von $\sim$ 92° zur Abdampfung auf 20 kg
Dicksaft eingebracht, abgedampft werden also 70 kg Wasser.

Dabei werden nach außen abgegeben WE:

an / vom	Vorverdampfer I	Vorverdampfer II	Verdampfer I	Verdampfer III
Diffusion, Rohsaft bis 35° . . .	—	––	1530	—
Rohsaftanwärmung I (35 bis 70°)	—	—	—	2850
Rohsaftanwärmung II (70 bis 90°)	—	—	1640	—
Saturation und Filterung I . .	—	465	—	—
Saturation und Filterung II . .	—	715	—	—
Saturation und Filterung III . .	—	320	—	—
Verkochung, Erstprodukt . . .	1400	1400	1400	—
Dicksaft- und Nachpr.-Arbeit . .	900	900	—	—
	2300	3800	4570	2850

In den Körper I der Vorverdampfung werden eingeführt 45 von den
    90 kg Dünnsaft von 92°, welche auf 120° angewärmt werden und ver-
    brauchen $45 \cdot (120 - 92) = 45 \cdot 28$ . . . . $= 1260$ WE
    Es werden (voraus berechnet) **11,1 kg Wasser** verdampft mit einem
    Aufwande von $11,1 \cdot (607 - 0,7 \cdot 120) = 11,1 \cdot 523 \sim$ . . . . 5800 WE
                 Vom Heizdampfe (132°) zu erbringen 7060 WE*

$$\text{d. i.} \quad \frac{7060}{607 - 0,7 \cdot 132} = \frac{7060}{514} = 13,73 \sim 14 \text{ kg direkter Dampf.}$$

Von den 5800 WE gehen 2300 WE zum Vakuum-Kochapparate
(letzte Kochzeit), und es bleiben für den

Körper II der Vorverdampfung . . . . 3500 WE*
    Dazu kommen mit dem aus I übertretenden Safte, dessen Temperatur
    von 120 auf 111° abfällt, $(45 - 11,1) \cdot (120 - 111) = 33,9 \cdot 9$ . . . $=$ 305 WE
                               zusammen 3805 WE

$$\text{Diese verdampfen} \quad \frac{3805}{607 - 0,7 \cdot 111} = \frac{3805}{530} = 7,18 \text{ kg Wasser.}$$

Der Saftdampf mit seinen 3805 WE geht zum Vakuum-Kochapparate (mittlere Kochzeit), wie verlangt.

Aus den eingeführten 45 kg Dünnsaft sind verdampft $11{,}1 + 7{,}18 = \textbf{18,28 kg Wasser,}$ so daß verbleiben $45 - 18{,}28 = 26{,}72$ kg Saft von $21{,}8°$ Bx.

Dieser Saft geht zur Verdampfung über mit $26{,}72 \cdot 111 \ldots = 2965$ WE

Ferner kommen hinzu $90 - 45 = 45$ kg Dünnsaft mit $45 \cdot 92 = \underline{4140 \text{ WE}}$

Zusammen $26{,}72 + 45 = 71{,}72$ kg mit 7105 WE

wonach die gemeinschaftliche Safttemperatur $\dfrac{7105}{71{,}72} = 99°$.

Der Saft hat, da die 90 kg Dünnsaft $13°$ Bx hatten, $\dfrac{90}{71{,}72} \cdot 13 = 16{,}2°$ Bx.

Es sollen 20 kg Dicksaft mit $58°$ Bx aus der Verdampfung hervorgehen, es verbleiben abzudampfen **51,72 kg Wasser.**

In den Körper I der Verdampfung treten 71,72 kg Saft mit $99°$.

Die Temperatur desselben wird auf $100°$ erhöht durch Zugabe von   72 WE

Es sollen unter $100°$ verdampft werden (durch Probieren gefunden) **19,6 kg Wasser,** wozu erforderlich sind

$19{,}6 \,(607 - 0{,}7 \cdot 100) = 19{,}6 \cdot 537 \ \ldots \ldots \ = 10525$ WE

Der Heizdampf hat zu liefern ∞ 10600 WE•

Körper II: Von den 10525 WE gehen zum Vakuum-Kochapparate (erste Kochzeit) $\underline{4570 \text{ WE}}$

so daß nur 5955 WE in den Körper II übergehen $\ldots\ldots$ 5955 WE•

Dazu kommen mit dem Safte $(71{,}72 - 19{,}60) \cdot (100 - 91) = 52{,}12 \cdot 9 = \underline{469 \text{ WE}}$

Zusammen im Körper II 6424 WE

welche verdampfen $\dfrac{6424}{607 - 0{,}7 \cdot 91} = \dfrac{6424}{543} = \textbf{11,83 kg Wasser.}$

Körper III erhält mit dem Dampfe aus Körper II $\ldots\ldots\ldots$ 6424 WE•

und mit dem Safte, dessen Temperatur auf $80°$ abfällt

$(52{,}12 - 11{,}83) \cdot (91 - 80) = 40{,}29 \cdot 11 \ \ldots\ldots\ldots = \underline{443 \text{ WE}}$

zusammen im Körper III tätig 6867 WE

welche verdampfen $\dfrac{6867}{607 - 0{,}7 \cdot 80} = \dfrac{6867}{551} = \textbf{12,46 kg Wasser.}$

Körper IV: Von den 6867 WE gehen 2850 WE zur Rohsaftanwärmung I, wonach für den Körper IV verbleiben $\ldots\ldots\ldots\ldots$ 4017 WE•

Dazu mit dem Safte aus Körper III, dessen Temperatur auf $65°$ abfällt, $(40{,}29 - 12{,}46) \cdot (80 - 65) = 27{,}83 \cdot 15 \ \ldots\ldots = \underline{418 \text{ WE}}$

zusammen im Körper IV 4435 WE

welche verdampfen $\dfrac{4435}{607 - 0{,}7 \cdot 65} = \dfrac{4435}{561} = \textbf{7,90 kg Wasser.}$

Es sind zusammen verdampft: $16{,}60 + 11{,}83 + 12{,}46 + 7{,}90 = \textbf{51,79 kg Wasser,}$ wie verlangt.

Der Heizdampfverbrauch ist $\dfrac{10\,600}{607 - 0{,}7 \cdot 108} = \dfrac{10\,600}{531} = 19{,}96 \infty \textbf{20 kg.}$

Der Wärmeverbrauch ohne und mit Benutzung von Saftdampf.

Nachdem wir den Wärmeverbrauch der einzelnen Anwärm-, Verdampf- und Kochstationen der Zuckerfabrik so gut als möglich ermittelt haben, sind wir imstande, einen Vergleich zu ziehen zwischen dem Wärmeverbrauch bei der Arbeit ohne Benutzung von Saftdampf und demjenigen bei der Arbeit mit Benutzung von solchem.

Die einzelnen Posten sind bei Verarbeitung von 70 kg Rüben pro Min.:

a) Diffusion und Rohsaft-Anwärmung mit einem Verbrauche von .   6020 WE
b) Saturationen und Filterungen bis zum fertigen Dünnsaft . . . .   1500 WE
c) Abdampfung im Vier-Körper-Apparate . . . .   8700 WE[1]
d) Kochung des Erstproduktes . . . .   4200 WE
e) Arbeiten vor der Kochung (Dicksaft) und nach der Kochung (Nach-
     produkte) . . . .   1800 WE

Diese Einzelposten zusammen erfordern einen Aufwand von   <u>22220 WE</u>

Bei Verwendung von Saftdampf gemäß der letzten Rechnung ergibt sich ein Bedarf für gleiche Leistung in der

f) Vorverdampfung . . . .   7060 WE
g) Verdampfung . . . .   <u>10600 WE</u>

zusammen in beiden   <u>17660 WE</u>

$$\text{Verhältnis:}\quad \frac{\text{Wärmeverbrauch ohne Benutzung von Saftdampf}}{\text{Wärmeverbrauch mit Benutzung von Saftdampf}} = \frac{125,8}{100} \backsim \frac{100}{80}$$

ein Verhältnis, wie es Dr. *Pauly* schon 1889 nach Einführung der Vorverdampfung 1883, wenn auch unter abweichenden Voraussetzungen, festgelegt hat.

Der Maschinenabdampf.

Abraham macht die Angabe — und wir können uns mit unseren Erfahrungen derselben wohl anschließen —, daß für eine s t ü n d l i c h e Ver -arbeitung v o n 100 kg R ü b e n auf eine Maschinenleistung von etwa 1,5 effektiven Pferdestärken Bedacht zu nehmen ist.

Unsere stehende Aufgabe nennt 70 kg Rüben pro Min., wonach also bei 70 kg Rüben pro Min. $1,5 \cdot 60 \cdot \dfrac{70}{100} = 63$ effektive Pferdestärken für unseren Fall zu rechnen ist.

Andererseits verbrauchen wir im Körper I der Verdampfung pro Min. 20 kg, also pro Stunde $60 \cdot 20 = 1200$ kg Maschinenabdampf von 108°, d. h. wir dürfen jeder effektiven Pferdestärke den Abgang von $\dfrac{1200}{63} = 19$ kg Abdampf oder etwa den Verbrauch von 22 kg Kesseldampf gestatten!

Jeder Dampfmaschinenkonstrukteur weiß, daß es keiner besonderen Kunst bedarf, Dampfmaschinen zu bauen, die solche Bedingungen erfüllen.

Wir sehen und finden zum hundertsten Male bestätigt, daß der Bedarf an Dampf seitens der Abdampfstation größer ist als der für die Verrichtung aller mechanischen Arbeit durch die Dampfmaschinen und daß damit nicht die Summe der Dampfmaschinen, der sog. Maschinenpark, sondern schließlich die Verdampfung das Maß für die Menge des Verbrauchsdampfes überhaupt diktiert.

Dabei ist vorausgesetzt, daß wir der Überzeugung sind, die sparsamste Abdampfung zu betreiben, denn mit einer Verschwendung auf dieser Seite

---

[1] Hier würde bei Abdampfung im Drei-Körper-Apparate einzusetzen sein 12 190 WE, Grund genug, um den Vier-Körper-Apparat beizubehalten, wenn der Heizdampf (Maschinenabdampf) wenigstens 108° hat.

würde auch eine Verlotterung auf der anderen, der Dampfmaschinenseite, eine Rechtfertigung finden, wie es früher war, wo man sich mit dem vielen vorhandenen Abdampfe gegen jeden Vorwurf der Vergeudung bei der Verdampfung verteidigte.

Der Kesseldampf.

Wir haben für den Verbrauch an Kesseldampf seitens der Dampfmaschinen, die mit ihrem Abdampfe die Verdampfung speisen, pro Stunde $63 \cdot 22 = 1386$ kg festgelegt. Dazu kommen für die Versorgung der Vorverdampfung $14 \cdot 60 = 840$ kg, so daß für die gesamte Abdampfung inkl. Maschinenbetrieb $\overline{2226}$ kg Kesseldampf pro Stunde bei 70 kg Rübenverarbeitung pro Min. verbraucht werden, entsprechend $\dfrac{2226 \cdot 100}{60 \cdot 70} = 53$ kg Kesseldampf zu 100 kg Rüben.

Mit dieser Menge reicht jedoch die Zuckerfabrikation nicht aus: sie beträgt nach Erfahrung etwa 0,67 des Rübengewichtes, also in unserem Falle etwa 2800 kg Kesseldampf pro Stunde.

Woher der Mehrverbrauch an Dampf von etwa $2800 - 2226 \sim 580$ kg? Wo sind und wer sind die Faktoren, die uns den Dampf aus der geschlossenen Tasche herauszustehlen scheinen?

Nun, es gibt Dampfverbrauch an vielen Stellen in der ganzen Fabrik, die wir kaum beachten und nicht mitsprechen lassen; es gibt auch mächtige Flächen an Diffuseuren, Anwärmern, Pfannen, Verdampfapparaten, Kochapparaten, weit ausgedehnten Rohren usw., welche noch immer trotz der Umkleidungen große Mengen von Wärme an ihre Umgebung ausströmen lassen; und es gibt Undichtheiten, viel mehr und größere als man glaubt, und so manchen Schaden, den man mit offenen Augen duldet, usw.

Also Verluste über Verluste? Nein, durchaus nicht, aber Unkosten, die unzertrennbar und unablöslich mit der Fabrikation verknüpft sind. Wenn wir die Luftpumpen ihren Wrasen auspuffen lassen, wenn wir Saturationsgase abführen, wenn wir den heißen Schlamm ins Freie ausschütten, wenn wir die in der Fabrik tätigen Menschen, die atmen und leben wollen, Tür und Fenster aufreißen lassen — alles das ist Wärmeverausgabung, aber vollbewußt — notwendige! Ein verständiger Fabrikleiter hat Mittel genug an der Hand, etwaigen Wärmevergeudungen vorzubeugen und alle Wärmeabgänge auf ein Maß zu beschränken, bei dessen Innehaltung über „Verluste" nicht geklagt werden sollte, wie es so viel und gern — und mit soviel Unrecht — geschieht.

XII. Rückblicke und Ausblicke.

Die fabrikmäßige Gewinnung von Zucker, sowohl aus dem Rüben- wie auch aus dem Zuckerrohr-Materiale, ist unter allen sonst bekannten Industrien diejenige, in welcher die zur Dampfbildung aufgewendete Wärme die günstigste Ausnützung findet oder wenigstens finden kann; und gerade in dieser erkannten Möglichkeit liegt der immer neue Ansporn, die Benutzung des Dampfes als Spannungsverwerter und als Wärmeträger zur weitgehendsten gegenseitigen Ergänzung zu bringen: keinen Dampf für die geforderte Kraftleistung zu verwenden, der nicht in der Abdampfung der Säfte mit all ihren Nebenaufgaben in Koch- oder Anwärmprozessen die ausgiebigste Nutzung als Heizdampf fände.

Vor Einführung der Säfteabdampfung — auf die Erfinderfrage brauchen wir hier nicht einzugehen — hatte die Zuckerindustrie von da an, wo sie sich der Dampfmotoren zu bedienen begann, mit wenigen Ausnahmen die einfachsten Auspuffmaschinen, und der Abdampf aus denselben war im Großen und Ganzen nichts als ein Abfallprodukt. Einen Wert erhielt der Abdampf erst, als man die Abdampfung als Kondensator — von vornherein mindestens in zwei Wärmestufen den Auspuffmaschinen anhängte, klugerweise nicht, um den Kolbengegendruck verschwinden zu lassen — dazu wären ja die Kondensationsmaschinen die geeignetsten gewesen —, sondern um aus der gebundenen Wärme des Abdampfes zu profitieren.

Wohin wir im Laufe der Jahre mit dem Maschinenbetriebe und mit der Abdampfung gekommen sind, haben wir in früheren Darlegungen erledigt und brauchen es nicht zu wiederholen: denn wir haben es bekanntlich herrlich weit gebracht und ein Darüberhinaus gibt es nun nicht mehr! —

Aber vielleicht gibt es ein Wiederzurück?! Und haben wir nicht schon mit dem Systeme *Greiner-Pauly* den einen Fuß auf ein Stückchen Boden gesetzt, auf dem unsere Vorfahren standen; benutzen wir nicht damit schon zu einem ganz wesentlichen Teile wieder den Kesseldampf als Heizdampf, ganz wie früher, weil wir einsehen, daß wir mit den Temperaturen, die dem Abdampfe der Maschinen eigen sind, das Ziel, das uns vorschwebt, nicht erreichen können. Wir fühlen die Enge, in die uns die Beschränkung auf den alleinigen Gebrauch von Abdampf getrieben hatte: wir sehnen uns nach Freiheit.

Unterhalten wir uns einmal über die Errungenschaften und auch ganz unbefangen über die Täuschungen, die uns der Kondensator mit seiner Luftpumpe gebracht hat!

Untrüglich war er eine Hilfe des Zuckerkochers, und zwar dadurch, daß er niedrige Siedetemperaturen gestattete, die über manche Schädigungen hinweghalfen, die mit den hohen Temperaturen verknüpft waren. Im übrigen hat man ihn wohl nur ganz richtig als Last empfunden. Und eine Last ist er geblieben und wird er immer bleiben; man ist nur aus Gewohnheit sich dieser Empfindung gar nicht bewußt, man erträgt ihn als etwas Unabwendbares, unvermeidlich Nötiges.

Mit der Erfindung und Benutzung eines geteilten Wärmegefälles hat der Kondensator (der Kondensator in unserem heutigen Sinne) gar nichts zu tun. Man verdampfte vielmehr zuerst in geschlossenen Pfannen, von denen die erste eine feuerbeheizte war, um den Dampf aus dieser unter einer gewissen Spannung für eine zweite oder dritte Verwendung seiner Wärme gegenüber dem schließlichen freien Auspuff geeignet zu machen. (Was wir heute Heizkammer oder Dampfkammer usw. nennen, wurde damals mit „Kondensator" bezeichnet.) Man hatte es also mit einem Mehr-Körper-Abdampf-Apparate, der oberhalb des atmosphärischen Druckes arbeitete, zu tun, der sich bald, aber doch erst später, in einen Unterdruck-Apparat mit Dampfbeheizung umwandelte.

Wenn wir nun einmal die Abdampfung an sich betrachten, d. h. die Abdampfung von dem Zusammenhange mit den Maschinen lösen, so wird die Frage doch sehr ernst und dringlich: ist die Abdampfung oberhalb der Atmosphäre oder unterhalb derselben die bessere?

Jelineks und *Rillieux'* Arbeiten fallen mit ihren Anfängen in dieselbe Zeit. Als *Jelineks* Veröffentlichungen in Einzelaufsätzen (1881—1882) erschienen, hatte *Rillieux* sein deutsches Patent Nr. 15 569 schon erhalten.

Der Text dieses Patentes spricht wohl, nachdem die Angliederung des Kochapparates an den letzten Körper einer Verdampferreihe mißlungen war, zum ersten Male von einer Beheizung des Kochapparates mit dem Saftdampfe des Körpers I der Verdampfung, wobei „die Anwendung eines Dampfdruckes von $\frac{1}{2}$, $\frac{3}{4}$ Atmosphären oder mehr in den ersten Verdampfkörper" vorgesehen ist.

Ganz innerhalb dieses Rahmens lag das Patentgesuch *Greiners*, welches zur Beheizung dieses ersten Körpers, da es einen Maschinenabdampf nicht gab, der diesen Ansprüchen hätte genügen können, ausschließlich direkten Dampf verwendete. Dieser erste Körper wurde sogleich als selbständiger Körper, und nur für die Beheizung des Kochapparates bestimmt, aufgestellt.

Auch *Rillieux* hatte schon eine Zugabe direkten Dampfes ins Auge gefaßt für den Fall, daß die Zufuhr hochgespannten Maschinenabdampfes versagte. Der prinzipielle Unterschied wurde vom Patentamte nicht erkannt und *Greiners* Gesuch wurde abgewiesen[1].

---

[1] Wie gering damals das Verständnis für derartige Fragen, auch selbst im Kollegium des Patentamtes zu Hause war, zeigt diese Antwort, welche lautet: „An Herrn *Woldemar Greiner* in Berlin: Ihre am 31. Dezember 1885 hier eingegangene Anmeldung für ein Patent auf die Verdampfstation der Zuckerfabrik in zwei gesonderte Systeme, das eine unter Verwendung direkten, das andere unter Verwendung ungespannten Re-

Im Jahre 1883 erhielt *Rillieux* zu dem vorhin genannten Patente ein Zusatzpatent Nr. 29 432, dessen Inhalt für unser Thema von Bedeutung ist. Der Patentanspruch lautet:

„Bei der Benutzung von Brüdendämpfen der Verdampfapparate zur Beheizung anderer Apparate der Zuckerfabriken — — die Anwendung eines völlig ohne Einspritzwasser arbeitenden, lediglich mit Luftpumpe und Abfallrohr versehenen Kondensators für die Brüdendämpfe."

Wenn man sich durch viele Worte und viel Nebensächliches und Überflüssiges, womit die *Rillieux*schen Patentbeschreibungen begleitet zu werden pflegen, hindurchgerungen hat, so kann man ein klares Bild schaffen von dem, was der Erfinder eigentlich will. Er will nämlich den Kondensator in seiner jetzigen Bedeutung abschaffen und will alle Anwärmungen und Kochungen durch Saftdämpfe von Temperaturen vollzogen wissen, die jedenfalls über 100° liegen, deren Druck also oberhalb desjenigen der Atmosphäre liegt. „Nicht unter 100°" sagt er, und wieder: „es herrscht vielmehr — annähernd atmosphärischer Druck, bald etwas mehr, bald weniger hoch", und aus diesem „annähernd atmosphärischen, bald etwas mehr, bald weniger hohem Drucke" ist denn wohl die Beibehaltung von Luftpumpe und Abfallrohr zu verstehen. Denn wozu sonst eine Luftpumpe und ein Abfallrohr (unter Wasserverschluß) bei Dämpfen über 100°?

Diesen um einige Grad Temperatur oder um ein geringstes Plus oder Minus der Spannung schwingendes Pendel wollen wir anhalten und damit die Luftpumpe und das Fallrohr ganz ausschalten, und lassen (den persönlich sehr mit Unrecht verlästerten, als Wärmetechniker gar nicht zu verachtenden) *Rillieux* unseren Führer sein.

Es ist richtig, daß *Rillieux* mit der Verdampfstation bei Überdruck aller Dämpfe nichts Neues schaffen konnte, aber die Verwendung und Verwertung der letzten Saftdämpfe (Brüden), die früher aus einer offenen Pfanne ungesammelt entwichen, ist unstreitig eine Angabe von *Rillieux*, die ihren Wert hat und behalten wird. Es ist auch unangebracht, ihm Irrtümer in gewissen Urteilen als Fehler vorzuhalten, denn gerade in jener Zeit wurden

---

tourdampfes, hat der gesetzlichen Prüfung unterlegen. Es ist beschlossen worden, die Anmeldung zurückzuweisen, und zwar aus den umstehend angegebenen Gründen:

Die angemeldete Neuerung kommt lediglich auf eine geringe Veränderung des Dampfdruckes in den Heizkörpern der bekannten Verdampfapparate hinaus, um die Dampfmaschine, welche den Retourdampf zum Heizen liefert, zu entlasten. Hierin ist um so weniger eine patentfähige neue Erfindung zu erblicken, als der Druck des Dampfes in den Verdampfapparaten innerhalb weiter Grenzen variiert. —

Die Datierung dieser Antwort (31. Dezember 1885) macht zugleich der Frage: ob *Greiner* oder *Pauly* der Erfinder des sogenannten Vorverdampfers war, ein Ende. Mein Freund *Pauly* besuchte mich in Berlin, nachdem diese Absage bei mir schon eingegangen war. Ich teilte sie ihm mit, als er mir erzählte, daß er sich mit der gleichen Angelegenheit beschäftige. Daraufhin unterließ er jeden weiteren Schritt.

Unsere ersten Ausführungen in den Zuckerfabriken Gröningen und Mühlberg fielen zeitlich zusammen. *Greiner.*

die Wolken von allen Winden hin und her getrieben, ehe es klares Wetter wurde, und es war keiner von uns allen, dem die Weisheit vom Himmel herabgefallen wäre!

Beschäftigen wir uns nun mit der **Verdampfung ohne Kondensator,** deren letzter Körper einen Saftdampf „von nicht unter 100°", sagen wir besser „von möglichst über 102°" (1,07 Atm. abs.) abschickt. Ein kleiner Überschuß an Temperatur und Druck in den Leitungen zu den Verbrauchsstellen dieses Saftdampfes wird als ganz nützlich empfunden werden.

Wir bewegen uns nun mit der Verdampfung von Zuckersäften in engen Grenzen: auf der einen Seite dürfen wir den Säften nicht jede Temperatur zumuten, auf der anderen Seite kochen sie nicht, ohne den Widerstand der Kohäsion und deren Begleiterscheinungen, der sich in tieferer Temperaturlage mit wachsender Hartnäckigkeit fühlbar macht, zur Geltung zu bringen.

Nach oben hin haben wir uns (wenigstens bei *Kestner*) an 125° gewöhnt und haben frühere Vorurteile überwunden, die 118° als Grenze bezeichneten. Dr. *Pauly* sagt von der Mühlberger ersten Anlage des Vorkochers: „Das Sieden findet gewöhnlich bei einer Temperatur von 121°, entsprechend einer Atmosphäre Überdruck, statt. Man kann die Temperatur aber auch ohne Schaden bis auf 125°, entsprechend 1,25 Atm. Überdruck, steigern."

Wir wollen 123° als Siedetemperatur des Dünnsaftes, unter eigenem Druck und gemäß seinen physikalischen vorhin genannten Eigenschaften stehend, festlegen, wobei zu erwähnen ist, daß der Dampf aus diesen Säften, von seiner Hülle befreit, 121° hat.

Der Heizdampf darf jede beliebige Temperatur über 123° haben; da wir aber den Maschinenabdampf hier an der einzigen Verwendungsstelle anbringen müssen, so werden wir eine möglichst tiefe Temperatur wählen, damit der mit der Temperatur verwachsene Druck als Gegendruck nicht zu schwer auf den Kolben der Dampfmaschine lastet. Nehmen wir in Anbetracht einer später folgenden Begründung die Heizdampftemperatur 130° an, und ebenso 102° als Endtemperatur (des Brüdens) im letzten Körper.

Wir wählen einen Drei - Körper - Apparat, der, wie wir uns überzeugen werden, sich am besten in die sonstigen Verhältnisse einpaßt.

Es ergibt sich folgende weitere Temperaturverteilung:

Für dieselbe Aufgabe: in der Minute aus 90 kg Dünnsaft von 92° und 13° Bx 70 kg Wasser abzudampfen, berechnen wir einen Drei-Körper-Apparat, dem wir einen Heizdampf von 130° zuschicken und dem wir einen Saftdampf aus dem Körper III (Brüden) von 102° entnehmen. Wir haben also ein Gesamt-Temperaturgefälle von $130 - 102 = 28^{\circ}$ zur Verfügung.

Dem Körper I, weil er neben seinen Funktionen als Verdampfer auch die eines Anwärmers — in ihm müssen 90 kg Dünnsaft von 92° auf 123°

gebracht werden — zu verrichten hat, wollen wir von vornherein 3° zugute halten, er soll über 3° + 4° = 7° nutzbares Temperaturgefälle verfügen, während wir den Körpern II und III nur je 4° zugestehen. Wir haben also in den 28° Gesamtgefälle 28 − (7 + 4 + 4) = 28 − 15 = 13° Gefälleverlust anzuerkennen, welche sich auf die Körper I, II und III mit 2°, 4° und 7° verteilen[1].

Es ergibt sich nämlich aus den früheren Berechnungen, die wir für das System *Greiner-Pauly* anstellten und die wir hier weiter benutzen, daß sich bei Abführung von 2300 WE, 3800 WE und 7420 WE aus den Körpern im Körper I Säfte finden, die von 13 bis 19° Bx eingedickt sind und als letztere kochen, im Körper II Säfte finden, die von 19 bis 31° eingedickt sind und als letztere kochen, und im Körper III Säfte finden, die von 31 bis 58° eingedickt sind und als Dicksäfte kochen, woraus sich obengenannte Gefälleverluste errechnen.

Danach findet folgende Temperaturverteilung statt:

Im	Körper I	Körper II	Körper III
Heizdampftemperatur	130°	→ 121°	→ 113°
Saftdampftemperatur	130 − (4+3+2) = 130 − 9 = 121°	121 − (4+4) = 121 − 8 = 113°	113 − (4+7) = 113 − 11 = 102°
Temp. des siedenden Saftes .	130 − (4+3) = 130 − 7 = 123°	121 − 4 = 117°	113 − 4 = 109°

Die Summe des nutzbaren und verlorenen Temperaturgefälles bildet die Differenz zwischen Heizdampf- und Saftdampftemperatur.

Die Temperatur des siedenden Saftes liegt niedriger als die Heizdampftemperatur um die Größe des nutzbaren Gefälles; oder höher als die Saftdampftemperatur um die Größe des verlorenen Gefälles. Sie seien hier nochmals zusammengestellt.:

nutzbar	verloren	nutzbar	verloren	nutzbar	verloren
3 + 4 = 7°		4°		4°	
	2°		4°		7°
9°		8°		11°	

In der nun folgenden Berechnung wird auffallen, daß — abweichend von früherer Gepflogenheit — die Temperaturdifferenzen zwischen Heizdampf und Saft — nicht zwischen Heizdampf und Saftdampf! — in Betracht gezogen sind. Es sind damit die verlorenen Temperaturteile ausgeschaltet und nur die nutzbaren berücksichtigt.

---

[1] *Abraham* gibt bei der Eindickung bis auf 60° Bx im Drei-Körper 3°, 5° und 8,5° an; er rechnet aber für jeden Körper auch noch 1° Verlust als Reibungs-Verlust, der in Wahrheit kaum meßbar vorhanden ist.

Es spielt das nur eine Rolle bei der Berechnung der Heizfläche, wenn es sich um die Wahl der Größe des Transmissionskoeffizienten handelt. Aus beiden Angriffsmethoden muß selbstverständlich dasselbe Resultat hervorgehen. Würde z. B. im Körper II für die frühere Rechnungsweise ein Koeffizient k_1 gefunden, der für $121 - 113 = 8°$ Gefälle der passende ist, so würde derjenige für diese Rechnungsweise sein: $k_2 = 2 \cdot k_1$, da die Höhe des Temperaturgefälles $121 - 117 = 4°$, also nur halb so hoch ist.

Die Koeffizienten sind reziproke Werte der Gefälle nach den beiden Anschauungen.

Der Drei-Körper-Apparat.

Berechnung.

Körper I. In den Körper I treten 90 kg Dünnsaft von 92°. Die Temperatur soll auf 123° erhöht werden.

Dazu sind nötig $90 \cdot (123 - 92) = 90 \cdot 31$ . . . . $=$ 2 790 WE

Es sollen aus dem Safte von 123° (voraus berechnet) **28,5 kg Wasser** abgedampft werden, was erfordert

$28,5 \cdot (607 - 0,7 \cdot 123) = 28,5 \cdot 521$ . . . . $=$ 14 850 WE

Vom Heizdampfe zu liefern sind 17 640 WE•

Den Körper I verlassen mit dem Saftdampfe von 121° 14850 WE, von denen 2300 WE nach außen gehen.

Körper II. Der Körper II erhält also mit dem Saftdampfe noch . . . . 12 550 WE•

Dazu mit dem übertretenden Safte

$(90 - 28,5) \cdot (123 - 117) = 61,5 \cdot 6$ . . . . $=$ 370 WE

zusammen 12 920 WE

so daß aus dem Safte von 117° verdampfen

$$\frac{12\,920}{607 - 0,7 \cdot 117} = \frac{12\,920}{525} = \textbf{24,6 kg Wasser.}$$

Aus dem Körper II gehen mit dem Saftdampfe von 113° 12 920 WE, von denen 3800 WE anderweitig benutzt werden.

Körper III. Der Körper III erhält also mit dem Saftdampfe. . . . . 9 120 WE•

und mit dem übertretenden Safte

$(61,5 - 24,6) \cdot (117 - 109) = 36,9 \cdot 8$ . . . . $=$ 295 WE

zusammen 9 415 WE

so daß aus dem Safte von 109° verdampfen

$$\frac{9415}{607 - 0,7 \cdot 109} = \frac{9415}{531} \sim \textbf{17,5 kg Wasser.}$$

Aus dem Körper III gehen mit dem Saftdampfe von 102° 9 415 WE Von diesen 9415 WE werden abverlangt 7420 WE.

Der Rest von 1995 WE wird beliebig verwendet, z. B. zur Anwärmung von $2,2 \cdot 70 = 154$ kg Diffusionswasser um $\dfrac{1995}{154} = 13°$.

Es sind abgedampft: $28,5 + 24,6 + 17,5 = \textbf{70,6 kg Wasser} \sim \textbf{70 kg Wasser.}$

An Heizdampf von **130°** werden verlangt:

$$\frac{17\,640}{607 - 0,7 \cdot 130} = \frac{17\,640}{516} = 34,2 \text{ kg.}$$

Die Siedetemperatur des Dünnsaftes von 123° ist beim *Greiner-Pauly-* Verfahren allgemein üblich, steigt sogar oft und ohne jeden Schaden bis 125°; auch wenn Dicksaft, wie es mehrfach geschieht, bei einer Saftsäulenhöhe von 1 m aufgekocht wird, so erfolgt das ebenfalls bei einer Safttemperatur von 109°. Es liegt hier also keineswegs etwas Außergewöhnliches vor!

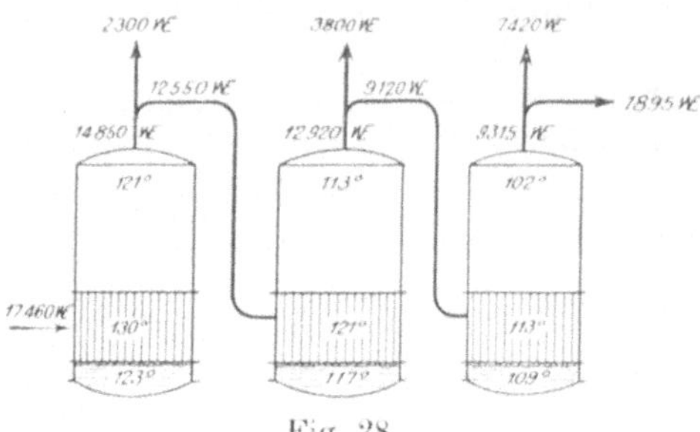

Fig. 28.

Es bleibt nun übrig, einen Vergleich zu ziehen zwischen den Nachteilen und Vorteilen dieser Verdampfung oberhalb des atmosphärischen Druckes gegenüber dem besten *Greiner-Pauly*-Verfahren, welches nur zum Teil schon unter Überdruck arbeitet.

    a) Beim *Greiner-Pauly*-Verfahren verbrauchten wir für die gleiche Aufgabe

        20 kg Abdampf von 108° mit . . . . 10 600 WE

        14 kg Kesseldampf von 132° mit . . . . 7 060 WE

        34 kg mit . . . . 17 660 WE

Bei der Verdampfung oberhalb der Atmosphäre werden

        34,2 kg gespannter Maschinen-Abdampf von 130° mit . . . 17 640 WE

verbraucht.

Es findet sich also für beide Verfahren keine nennenswerte Differenz vor; aber für das letztere Verfahren fehlt die ganze Kondensationseinrichtung: Kondensator, Luftpumpe und Wasserpumpe!

Und mit dem Fehlen dieser Kondensationseinrichtung fällt ein Teil des mechanischen Betriebes aus, den man wohl auf 13% einschätzen kann. Hatten wir also zwischen Abdampfmenge und nötiger Heizdampfmenge bisher eine sehr annehmbare Balance, so fehlt nunmehr ein Teil Abdampf und wir würden dieses Stück Abdampfes durch Kesseldampf ersetzen müssen.

Selbstverständlich würde uns nun wieder die Frage beschäftigen: sollte es nicht möglich sein, mit dieser geringeren Abdampfmenge — etwa 80% derjenigen, die wir eben noch zur Verfügung hatten — dieselbe Verdampfung von 70 kg Wasser und 90 kg Dünnsaft zu erwirken?

Da müssen wir antworten: Gewiß. Wir brauchen nur den Drei-Körper-Apparat in einen Vier-Körper-Apparat umzuwandeln, so haben wir wieder ein recht angenehmes Verhältnis des verminderten Maschinenabdampfes zum ebenfalls verminderten Heizdampfe.

So ohne weiteres geht das freilich nicht. Denn wir sahen, daß im Drei-Körper-Apparate vom Gesamtgefälle 130° − 102° = 28° schon 2 + 4 + 7 = 13° verlorenes Gefälle waren; aber wir sahen doch auch, daß mehr, nämlich 7 + 4 + 4 = 15°, nutzbares Gefälle vorhanden war. Und worin besteht das verlorene Gefälle? Aus dem Temperaturgefälle, welches durch das Schwererkochen der Säfte bei zunehmender Dichte (und sinkender Temperatur!) — und durch die Last der das Kochen erschwerenden Saftsäule hervorgerufen wird. Das Hindernis, welches durch die inneren Eigenschaften der Säfte

(Kohäsion usw.) geschaffen wird, können wir nicht beseitigen, wohl aber läßt sich die Erschwerung durch die äußere Eigenschaft (Gewicht) umgehen, indem jeder Saftsäulendruck, der im Innern der Körper Siedepunkterhöhungen veranlaßt, von anderer Seite aufgenommen wird. Das verlorene Gefälle geht dann auf etwa $1 + 2 + 4 = 7°$ zurück, so daß dem Gesamtgefälle von $28°$ nur $7°$ verloren gehen und $21°$ Nutzgefälle den Vier-Körper-Apparat garantieren — an dieser Stelle und innerhalb derselben Temperaturen.

Wir kommen in der Lösung dieser Frage ganz mit *Abraham* überein, welcher dazu sagt: Man wird diese Vorzüge (des Rieselprinzips unter Ausschaltung jeder Saftsäule) aber finden können, so bald es heißt, . . . den unnützen Wärmegefälleverlust zu verringern. Zu diesen Rieselapparaten gehören alle die, die den Saft mit Pumpen heben, also jede Arbeit, die von den Dämpfen innerhalb der Apparate geleistet werden müßte, ausschließen.

Zur höchsten Sparsamkeit führt nur die Benutzung wirklicher Rieselapparate. „Es wird sich empfehlen," schreibt *Abraham*, „noch einmal das Rieseleiprinzip von neuem zu revidieren: wird es richtig angewandt, so muß es gut werden." —

Ein weiterer Vorzug der Verdampfung oberhalb des Atmosphärendruckes ist die Einfachheit der Ableitung der Kondenswässer, die alle aus Gefäßen ausfließen, in denen wenigstens ein leichter Überdruck oder doch gewiß kein Unterdruck herrscht, so daß aus allen Dampfkammern und Heizräumen, es sei wo es wolle, ein freier (oder sogar gedrosselter) Ausfluß stattfindet. Keine Saugpumpen, weder für Kondenswasser noch für Saft.

Dann sind zu nennen die ganz bedeutenden Einschränkungen der Rohrleitungen in Durchmesser und Außenfläche. Wir haben diese Dimensionierungen in einem besonderen Kapitel besprochen und brauchen nur darauf hinzuweisen, welche Unterschiede hier hervortreten.

Und welchen Nachteil hätten wir von der Verdampfung oberhalb des Atmosphärendruckes zu fürchten? Doch wohl nur den, daß die Säfte durch die angeführten Temperaturen, unter denen sie periodisch stehen müssen, geschädigt würden. Dieselbe Furcht herrschte schon, als *Jelinek* $112°$ für den Heizdampf anforderte; die gleiche, als Dr. *Pauly* unter 121 bis $125°$ kochte, und alle Sorge darüber hat sich hernach vollständig verflüchtigt!

Und so wird es auch hier gehen, hier, wo nicht einmal irgendwelche Erschwerungen vorliegen, außer etwa, daß die Temperaturen nicht nur im ersten Körper, sondern während der ganzen Dauer der Abdampfung um etwas höher liegen, als man sonst gewohnt ist, daß z. B. der Dicksaft von annähernd $60°$ Bx hier mit etwa $109°$ kocht, wo man sonst mit ihm bei $70°$ Eigentemperatur abzuschließen pflegt. Aber im Kochapparate wird das wieder anders: dickere und zähere Massen stehen da wieder unter höherer Temperatur und man hört und sieht nichts von Unzuträglichkeiten!

Die Gefahr einer Schädigung der Säfte ist wohl vielmehr darauf zurückzuführen, daß ein Teil von Saftpartikelchen in einem Körper mit hoher Siedetemperatur zu lange verweilt und unter Umständen geradezu darin alt wird, ehe er seinen Weg weiter findet! Diese Möglichkeit, so außer Zirkulation und Fluß zu geraten, muß ihm genommen werden, es muß für ein regelmäßiges Vorwärtskommen gesorgt werden. Das ist ein Zwang, den wir in allen älteren Rieselapparaten durchgeführt finden, und auch bei *Kestner*, aber nicht bei *Claassen*. Und die Ausübung dieses Zwanges ist sehr wichtig! Sie wird um so wichtiger, je mehr sich die Temperatur der wirklich für die Säfte kritischen nähert. Sie wird wichtig bei der Verdampfung oberhalb des Atmosphärendruckes, da wir nach der gewonnenen Ansicht über Ökonomie der Verdampfung unser Heil in den hohen Temperaturen — soweit das wirklich gefahrlos ist — suchen, ganz im Gegensatz zu denen, die möglichst weit nach unten streben, ohne die Erkenntnis, wie das Kochen viskoser Flüssigkeiten noch durch die Tieflage der Temperatur erschwert wird. Das ist ein Vermehren des verlorenen Temperaturgefälles, welches lähmend auf der ganzen Reihe der Körper liegt. Das Resultat ist: Wir kommen in der Zuckerfabrik zum geringsten Dampfverbrauche durch Ausschaltung des Kondensators unter Befolgung der genannten Maßnahmen. Der Dampfverbrauch wird etwa 80% von dem, den wir beim *Greiner-Pauly* gefunden haben.

Der Vier-Körper-Apparat, bei dem die Anwärmung des Saftes von 92 bis 121° natürlich dieselbe wie im Drei-Körper-Apparate bleibt, wird einen Verbrauch an Wärmeeinheiten haben ∞ $2790 + \frac{3}{4} \cdot 14\,850 = 13\,930$ WE und danach einen Heizdampfverbrauch von $\dfrac{13\,930}{607 - 0,7 \cdot 130} = \dfrac{13\,930}{516} = 27,2$ kg, d. i. pro Stunde $60 \cdot 27,2 = 1632$ kg.

Andererseits geht durch Ausschaltung des Kondensators mit seiner Luft- und Wasser-Pumpenmaschine die aufzunehmende Arbeit von 63 auf etwa 55 PS zurück und wir haben, wie vor *Greiner-Pauly*, Maschinen, die sich einen Stunden-Dampfverbrauch von $\dfrac{1632}{55} = 30$ kg Dampf gestatten dürfen.

Ganz natürlich! Denn das System *Greiner-Pauly* läßt die Maschinen nur durch einen Teil des Kesseldampfes betreiben, mit demjenigen Teile, der hernach als Maschinenabdampf die Verdampfung beheizt (20 kg Abdampf), während der andere Teil des Kesseldampfes als solcher (14 kg direkter Dampf) die Vorverdampfung speist.

In diesem letzten Systeme: Der Vier-Körper-Apparat oberhalb des Atmosphärendruckes kennt wieder nur **eine** Art Heizdampf, und der ist der Maschinenabdampf, der Abdampf **aller** Maschinen, freilich ein ganz anders gearteter.

Und wie sich die Verdampfung in eine andere Sphäre gehoben hat, so müssen die Maschinen mit der Spannung ihres Abdampfes und ihres Treibdampfes folgen. Mehr wird nicht verlangt, und ein Noch-mehr kann keine Ersparnis über dieses Maß hinaus bringen.

Wer sich in diesen fast unerlaubt weit von aller Tradition entfernten Gedankengang hineingefunden hat, der wird staunend fragen: Wozu denn eigentlich jemals für die Abdampfung ein solches Zwischenglied nötig war?! Es erfüllt sich hier das Wort *Alph. Heinzes*: „Die beste Abdampfung ist die, bei der für den Kondensator nichts übrig bleibt". —

Während nun hiermit wohl als erwiesen angesehen werden muß, daß diese Abdampfmethode oberhalb des Atmosphärendruckes die bei weitem sparsamste ist und daß ihrer Ausführung von keiner Seite etwas entgegensteht, bleibt nur noch eine kleine Umschau zu halten übrig, ob auf diesem Gebiet noch etwas Anregendes, Werdendes zu finden ist. Zweierlei Beachtenswertes ist da:

1. *Kestners* Bestrebungen, den Zucker aus Dicksäften größter Dichte unmittelbar zu gewinnen, anders als bei der Jetztart des Kornkochens im Vakuum, wie es scheint ununterbrochen. Es ist bekannt, daß an diesem Probleme gearbeitet wird, aber man erfährt noch zu wenig davon, und Resultate können noch nicht bekannt gegeben werden.

2. Der Verwertung von Zwischendampf und Abdampf zu Anwärmungen und Kochungen haben sich nun auch andere Gebiete erschlossen. Es sind meistens Industrien, bei denen nur ein Teil des Maschinendampfes derartige Verwendung finden kann, und so gibt die verlangte Temperatur diejenige Stelle an, von welcher der Heizdampf entnommen werden muß: aus dem Receiver einer Compound-Maschine den Zwischendampf mit einer Spannung von einigen Atmosphären, wirklichen Abdampf von geringem Druck und auch Dampf mit Unterdruck. Brauereien, Brennereien, Konservenfabriken, Zuckerwarenfabriken u. a. haben von dieser Art der Dampfbenutzung, welche in der Zuckerindustrie — man könnte sagen: von alters her — gepflegt und zur höchsten Entwicklung gebracht ist, den entsprechenden Nutzen zu ziehengelernt. Wo aber im Tageslauf nur Perioden für die Verwendung von Maschinendampf zu Heizzwecken eintreten, ist die Regulierung der Maschine doch recht umständlich und schwierig, wie die große Anzahl von darauf bezüglichen Patenten und natürlich auch „Warnungen vor unbefugter Benutzung derselben" zur Genüge beweist.

Nachschrift.

Das vorliegende Heft ist das Ergebnis des letzten Winters 1911—12. Ich fürchtete schon, mich mit dem Abschnitte XII: „Rückblicke und Ausblicke", in welchem ich „die Verdampfung ohne Kondensator", also die Verdampfung oberhalb des atmosphärischen Druckes behandelte, wenigstens für den Augenblick zu weit vor die Front gewagt zu haben; aber ich erfuhr bald genug, daß das Interesse für diese Frage doch schon breiter und tiefer wurzelte, als ich angenommen hatte. Das hat mich getröstet und ermutigt mich sogar, dem im Drucke schon fertig vorliegenden Werkchen nachträglich noch einige Worte, die dieses Thema angehen, hinzuzufügen.. Die Angelegenheit ist wichtig genug und wird deshalb auch einige unumgängliche Wiederholungen vertragen.

Als *Rillieux* im Jahre 1883 — es ist verzeihlich, daß die jüngere Generation kaum etwas davon weiß — mit dem „völlig ohne Einspritzwasser arbeitenden, lediglich mit Luftpumpe und Abfallrohr versehenen Kondensator" herauskam, hat er selbst in den Kreisen, die sich ernstlich mit ihm beschäftigten, viel Mißverstehen und Kopfschütteln erfahren müssen. Der Wust und Schwall der gar zu vielen Worte über ganz Nebensächliches hat den Sinn verdunkelt. *Rillieux* wollte, da ihm die Beheizung des Vakuums mit Saftdampf von weniger als atmosphärischer Spannung nicht gelungen war, eine Verdampfstation schaffen, aus welcher er Saftdämpfe entnehmen könnte, deren Temperatur für diesen Zweck genügte. Er kam auf den prinzipiell sehr richtigen Gedanken, daß es vorteilhaft sein müsse, die Temperaturlage der ganzen Verdampfstation so weit in die Höhe zu treiben, daß noch aus deren letztem Körper ein Saftdampf von etwas mehr als atmosphärischer Spannung entnommen werden könnte. Er wagte sich — damals sehr mit Recht — aus verschiedenen Gründen nur bis zum Zweikörperapparat; wenn aber jemals eine Ausführung seines Planes erfolgt wäre, würde sich sofort gezeigt haben, daß die Rechnung falsch war, weil die auf solche Weise gewonnene Saftdampfmenge als nützlicher Heizdampf nicht unterzubringen gewesen wäre. Ich will das nach fast 30 Jahren noch nachträglich bemerken und auch betonen, zur Warnung für kommende Fälle, die uns vielleicht schon in naher Zeit beschäftigen werden.

Die Pläne *Rillieux'* scheiterten, nicht aus dem ebengenannten Grunde, sondern an der viel einfacheren Lösung derselben Aufgabe durch *Greiner-Pauly*, bei der die Saftdampfmenge dem Bedarfe leicht anzupassen war. Den Unterschied zwischen den verschiedenen Methoden der Verdampfung klar zu erkennen ist für die Folgezeit von großem Werte, und es soll dazu hier nochmals Gelegenheit geboten werden.

Jelinek hatte durch Erhöhung der Spannung des Maschinenabdampfes den Vierkörperapparat ermöglicht. Diese Spannungserhöhung erweiterte das Temperaturgefälle und ließ den Dreikörper zum Vierkörper werden. Der Vorteil war eine abermalige Verminderung des Dampfverbrauches im Körper I und ebenso des Wasserbedarfes im Kondensator; diese Druckerhöhung durchzusetzen war aber schon vielen Fabriken nicht möglich. Außerdem war auch natürlich dieser Nutzen nicht so hervorstechend wie der, welchen man aus der Umwandlung des früheren Zweikörpers in den Dreikörper gezogen hatte. Über weitere Gründe, die den Vorteil der Vierteilung nicht so recht durchschlagen ließen, ist vorher genügend Rechenschaft abgelegt. Nach und nach aber setzte sich der Vierkörperapparat durch, und er kann schon seit Jahren als allgemein in Gebrauch befindlich angesehen werden.

Die Methode *Greiner-Pauly* hatte nicht nötig, die Spannung des Abdampfes zu steigern. Es waren zwei Systeme entstanden: das eine brachte mit Benutzung von direktem Dampfe einen Saftdampf aus dem Dünnsafte, der zur Beheizung des Kochapparates benutzt wurde; das andere genügte mit dem Maschinenabdampfe gewohnter Spannung in alter Art, den Mittelsaft, so weit ihn der *Greiner-Pauly*-Körper schon abgedampft hatte, weiter einzudicken. Mit dem Brüden des zweiten Systems geschah dasselbe, wie mit dem des bisherigen Apparates: er ging ungenutzt in den Kondensator.

Im Laufe weniger Jahre wurde der Bereich des ersten Systems, das zuerst nur für die Beheizung des Kochapparates geschaffen war, erweitert, man schob ihm nach und nach auch die zweite, dann die ganze Rohsaftanwärmung, und schließlich die aller Säfte jeder Art zu, da sich die höheren Saftdampftemperaturen als sehr ergiebig und bequem erwiesen; und nachdem ich — Herr Dr. *Pauly* war unterdessen aus der Zuckerindustrie ausgeschieden — diesen „Vorverdampfer" genannten Körper zum Zweikörper ausgebaut hatte, so wurde er zur Hauptfigur, und der Teil der alten Verdampfung nahm an Bedeutung ab. Auch die Menge des Brüdens aus dieser Abteilung wurde entsprechend weniger.

So wurde die Form der Verdampfung, die noch die heutige ist, etwa im Jahre 1890 fertig.

Was geschah mit dem Brüden aus diesen Verdampfstationen? Er wurde mit großen Kosten ausgeschaltet.

Sahen wir nicht während dieser ganzen Zeit mit offenen Augen die Ungunst dieser Verdampfungsmethoden? Sahen wir nicht — um nur die Hauptmomente zu nennen — den Verlust der Wärmemenge der Brüden, und sind wir blind gegen den Aufwand an Kraft, den uns die Schaffung und Erhaltung der „Leere" auferlegt? Welche Arbeit und oft welche Not allein um das Kühlwasser! Wir suchen also jetzt mit einem tiefen Sehnen die Erlösung von dem Übel.

Und nun — nach 30 Jahren — werden wir den Vorschlag *Rillieux'* verstehen: er forderte die Erhöhung der Temperatur für die ganze Verdampfstation, um die Wärme der Saftdämpfe — auch der letzten, der Brüden,

deren Spannung über der der Atmosphäre liegen sollte — nutzbar verwenden
zu können. Damit wäre die ganze mühselige und kostenschwere Kondensation überflüssig geworden! Er, *Rillieux*, konnte das noch nicht, aber wir —
nach 30 Jahren — können es! Die Möglichkeiten, aber auch die nötigen
Beschränkungen und Bedingungen für die Ausführung, habe ich im Abschnitte XII dieses Buches besprochen. —

Es ist sehr erfreulich und dankenswert, daß Herr Fabrikbesitzer *Loß*-
Wolmirstedt aus dem Raunen und Tuscheln über diese Frage, um deren
Lösung sich auch *Kestner* schon seit einigen Jahren bemüht, ein offenes Wort
hat werden lassen. (Ordentliche Generalversammlung des Braunschweig-
Hannoverschen Zweigvereins des Vereins der deutschen Zuckerindustrie
vom 16. März 1912.) Es ist zu wünschen, daß seine Ausführungen die ge-
bührende Beachtung finden.

Braunschweig, im Juli 1912.   *W. Greiner.*

Weitere Nachschrift.

(Zweite Auflage.)

Die Rede des Herrn Fabrikbesitzers *Loß*-Wolmirstedt lautet:

Meine Herren! Mit meinen Ausführungen kann ich Ihnen leider nicht viel Neues bringen. Fast alles, was ich Ihnen zu sagen habe, werden Sie im *Claassen* und *Abraham* „Die Dampfwirtschaft in der Zuckerfabrikation" verzeichnet finden. Das eine oder das andere Neue wird vielleicht nicht Ihre Billigung finden.

Unter einer rationellen, vernünftigen Wirtschaft versteht man im all gemeinen, daß die aufgewendeten Mittel im richtigen Verhältnis zu dem erzielten Zweck stehen, daß so wenig wie möglich von den Mitteln, die aufgewendet werden, unnütz vergeudet werden. Wenn man das auf die Verdampfstation und Wärmewirtschaft bezieht, so wird man darunter verstehen, daß alle vorhandene Wärmemenge zu ihrem eigentlichen Zweck verwandt wird. Das findet aber, wie Sie sehen werden, nur in ganz beschränktem Maße statt. Wir finden vielfach eine kolossale Wärmevergeudung, und es bleibt noch manches zu tun übrig.

Um das klar ersehen zu können, müssen wir uns die Frage vorlegen, welche Wärmemengen sind für den ganzen Umwandlungsprozeß der Rübe in Zucker erforderlich, und zwar nach den jetzt gebräuchlichen Saftgewinnungsverfahren. Auf die übrigen Verfahren einzugehen, muß ich unterlassen, es verlohnt sich dieses auch für diese Frage nicht.

Welche Wärmemengen werden nun aufgewendet? Dabei muß ich auch die Wärmemengen hineinziehen, die benutzt werden zur Erzeugung mechanischer Arbeit, die nur geringe sind, denn alle Energie, die wir in der Zuckerfabrik verwenden, gewinnen wir aus dem Dampf und wandeln sie dann erst um. Die zur mechanischen Arbeit verwendete Energiemenge müssen wir aber umrechnen.

Die Wärmemengen, welche verbraucht werden, sind erstens die Wärmeverluste, welche auftreten bei der Erwärmung der Schnitzel innerhalb der Diffusion, und zweitens die Mengen, welche verbraucht werden beim Verdampfen des Wassers in der Verdampf- und Kochstation. Die letzteren sind die bei weitem wichtigsten Wärmemengen, die ausschlaggebenden, es sind aber auch die ersteren nicht zu unterschätzen.

Ich möchte darauf hinweisen, daß von den ersteren ein großer Teil beim besten Willen nicht zu vermeiden ist, aber ein anderer Teil wohl einzuschränken wäre. Die Quellen dieser Verluste sind zunächst die ausgelaugten Schnitzel, die Wasserabgabe bei der Saturation, der Schlamm der Pressen, die fertigen

Produkte und dann wieder die Verdampf- und Anwärm-Station. Es ist Ihnen allen bekannt, was für kolossale Mengen Dampf Sie aus den Saturationspfannen in die Luft schicken, was für Mengen Wärmeeinheiten Sie damit unnütz vergeuden. Es ist auch bekannt, welche große Mengen durch die Verdunstung im Schlammdeiche und Gradierwerke verloren gehen.

Als unmittelbare Verluste sind anzusehen: alle Verluste an Wärmeeinheiten am fertigen Produkt und an den Abfallprodukten. So verlieren Sie in den ausgelaugten Schnitzeln und den Ablaufwässern der Diffusion, wenn Sie die Schnitzel nicht zur Trocknung schicken, im Durchschnitt auf 100 kg — 7,8 kg — 4200 WE — Dampf. Im Scheideschlamm verlieren Sie ungefähr 1,3 kg, in der Füllmasse 2 kg, zusammen etwa 12,1 kg mal 7000 WE. Sie sehen also, daß die Wärmeeinheiten, die verloren gehen, gar nicht so gering sind, Sie werden sie aber nicht vermeiden und entbehren können, sie sind vielmehr in gewisser Beziehung als nutzbringend — z. B. bei der Füllmasse für den Kristallisationsprozeß — zu bezeichnen. Die anderen Abkühlverluste, mit denen wir noch zu rechnen haben, sind einschränkbar.

Das sind zunächst Verluste, die entstehen in der Scheidung. Sie werden gerade im „*Abraham*" eine sehr interessante Tabelle finden und sehen, daß die Wärmeverluste ganz kolossale sein können. Ich weise darauf hin, daß es für die Wärmeverluste von großer Bedeutung ist, ob wir mit viel oder wenig Kalk, mit hochprozentiger oder niedrigprozentiger Kohlensäure, mit hohem oder niedrigem Saftstande arbeiten. Je konzentrierter die Saturationsgase, je niedriger das Gas in dem Saturateur ist, und je höher die Saftsäule ist, um so niedriger wird der Verlust sein. Ich habe mir den Verlust auf 2,1 kg festgestellt, obwohl ich bei der Saturation sehr hohe Saftstände anwende. Ich zweifle aber nicht, daß in vielen Fabriken die Verluste 5—7 kg pro 100 kg Rüben sein werden.

Weitere Verluste sind die Abkühlungsverluste in den Rohrleitungen und in den sonstigen Gefäßen. Die Verluste im Dünnsaft und Dicksaft, die Verluste in den Verdampfapparaten. Die Ausstrahlungsverluste belaufen sich gering gerechnet auf 7—8 kg, etliche manchmal auf das doppelte, für meine Fabrik auf ungefähr 7,7 kg. Diese Verluste richten sich selbstverständlich nach der Art der Bekleidung, nach der Menge der Rohrleitungen und den Apparaten. Man sieht auch daraus, wie nachteilig jedes unnütze Gerät in wärmewirtschaftlicher Beziehung ist.

Verluste sind ferner nicht zu vermeiden in den Dampfzylindern und in den Dampfleitungen, die auf 2,5—3 kg geschätzt werden und damit wohl richtig angenommen sind. Dann kommt die Dampfmenge hinzu, die wir zur Verrichtung der mechanischen Arbeit gebrauchen und die auf etwa 20 kg = 11 000 WE zu veranschlagen ist. Genauere Rechnungen aufzustellen ist schwierig, auch wird der Verbrauch je nach der Einrichtung schwanken.

Es kämen dann die Verluste oder richtiger gesagt der Verbrauch in der eigentlichen Verdampfstation, diese können sehr verschieden sein, je nachdem sie eingerichtet ist. Meines Erachtens muß man als Kriterium für eine gut eingerichtete Verdampfstation aufstellen den Satz, daß je geringer die

Verluste in der Kondensation sind, und je geringer sie in den Fallwässern sind, um so rationeller wird die Verdampfstation sein. Das Ziel dieser Erwägungen würde sein, daß man mit einer Verdampfstation vollständig ohne Kondensation auszukommen versuchte.

Meine Herren, es wird durchaus möglich sein, daß Sie in der ganzen Verdampfstation lediglich Oberflächenkondensation betreiben. Es wird durchaus theoretisch möglich sein, von einer Kondensation, von einem Niederschlag des Dampfes durch Wasser abzusehen. Wenn Sie das überlegen, werden Sie zu einer besseren und einfacheren Verdampfstation und zu wesentlich einfacheren Apparaten kommen, und Sie werden, glaube ich, ganz erhebliche Ersparnisse an Dampf und damit an Kohlen erzielen können.

Ich habe Ihnen vorhin auseinandergesetzt, daß die Verluste, die für uns unvermeidbar sind, sich auf 12,1 kg beziffern, die einschränkbaren auf 7,7 kg, im Zylinder und durch mechanische Arbeit je 2 kg bzw. 2—3 kg, dazu kommen noch 20 kg von der Verdampfstation und Kochstation und 5 kg für Anwärmen. Im Ganzen würde man also heute bei einer gut eingerichteten Fabrik in wärmewirtschaftlicher Beziehung mit 50 bis 52 kg Dampf auskommen.

Meine Herren! Wenn Sie mit 50 bis 52 kg auskommen, und Sie müssen normal ungefähr 98 bis 100 kg Wasser pro 100 kg Rüben verdampfen, so ist nur eine doppelte Verdampfstation möglich, für weiteres haben Sie dann in der Verdampfstation keinen Raum. Die Verdampfstationen, die man jetzt vielfach sieht, sind mit 2 Saftkochern ausgerüstet, denen 3, 4 und gar 5 Körper folgen. Das ist meines Erachtens nicht rationell. In diesen Fabriken hat man zu dem gegebenen Zweck viel zu viel Heizfläche installiert, ohne daß man mit ihr wirklich etwas Besonderes leisten könnte. Wenn Sie diese Stationen gründlich durchrechnen, werden Sie finden, daß Sie, je nachdem Sie die Vakuumstation und die Anwärmstation mehr oder weniger mit direktem Dampf beheizen, auf eine Verdampfung innerhalb der Verdampfstation kommen von 2,5—3,5, doch darüber nie, denn es ist selbstverständlich, je weniger Sie mit Saftdampf beheizen und anwärmen, um so vielfacher kann das Wärmegefälle in der Verdampfstation ausgenutzt werden. Das Bestimmende für die Ausnutzung des Wärmegefälles in der Verdampfstation ist die Menge Dampf, die Sie gebrauchen zum Kochen im Vakuum und in den Anwärmstationen; diese Menge ist das Bestimmende für die einzelnen Stufen, die Sie bei der Verdampfung Ihrer Dünn- zu Dicksäften anwenden können.

Wenn Sie vom letzten Körper aus alles beheizen und bekochen würden, also von ihm rund 50 kg entnehmen würden, so würden Sie selbstverständlich diese Menge nur zweimal entnehmen können, da Sie nur rund 98 bis 100 kg zu verdampfen haben. Würden Sie aber nicht alles beheizen, würden Sie das Vakuum mit direktem Dampfe heizen und würden Sie von dem ersteren oder späteren Körper nur eine bescheidene Menge, etwa 20—30 kg zum Anwärmen und zur Verkochstation nehmen, so würden Sie die zu verdampfende Menge durch diese Menge teilen können und je nachdem eine

4-, 5- oder 6-stufige Verdampfung erzielen können, Sie würden dann aber immer im Effekt ungünstiger arbeiten, als wenn Sie alles vom letzten Körper aus beheizen. Es würde gut tun, wenn man sich überlegte, eine Verdampfstation zu errichten, die aus nur zwei Körpern besteht und vom zweiten Körper aus alles beheizte. Es müßte dann die Maschinenanlage so gewählt werden, daß der Retourdampf der Maschine so hoch gespannt wäre, daß man damit sofort in den ersten Körper hineingehen könnte. Das ist mit den modernen Maschinen- und Kesselanlagen, die bequem mit 12—15 Atm. arbeiten und vielfach gebaut werden, durchaus keine Unmöglichkeit; sie würden im ersten Körper einen Druck von 2,5, maximal 3,2 Atm. haben, hierzu würde der Dampf von 15 Atm. genügendes Druckgefälle geben, um mit den Maschinen noch wirtschaftlich genug zu arbeiten. Wir würden dann den ganzen Retourdampf zusammen mit dem Frischdampf in dem ersten Körper haben, den zweiten Körper würden wir von dem Saftdampf des ersten Körpers beheizen und von dem Saftdampfe des zweiten Körpers das Vakuum und sämtliche Anwärmstationen beheizen usw. Wenn Sie im ersten Körper mit einer Anfangstemperatur von 125° beginnen, würden Sie im zweiten Körper bequem mit einer Temperatur von 111° auskommen können, Sie hätten dann ein nutzbares Gefälle von 14° und mit einer Temperatur von 111° wird jetzt schon vielfach mit Saftdampf geheizt. Ich würde mit dem besten Willen darin keine Schwierigkeit erblicken, und Sie haben dann eine Verdampfstation, die unter Druck arbeitet. Vollständig fort fällt die Luftpumpe und die große Menge Wasser, die Sie gebrauchen zum Niederschlagen des Dampfes und Brüdens im Kondensator, und die Wärmemenge, die im Fallwasser und Kondenswasser verloren gehen, sind horrend. Auch bei meiner jetzigen Anlage, die vielstufig eingerichtet ist, sich aber eigentlich als zwei getrennte triple-effet-Verdampfstationen verstehen, wird an Wärme ganz wesentlich gespart, aber die Wärmeersparnis wird zu teuer erkauft. Um so mehr Nutzen werden Sie in der Verdampfstation haben, je geringere Wärmemengen Sie in den Kondensator hineinbringen, und wenn Sie eine Verdampfstation mit ein oder zwei Saftkochern und anschließenden 3 bis 4 Körpern errichten, werden Sie finden, daß der letzte Körper vielleicht 6 bis 10 Prozent des gesamten Dampfes in die Kondensation gehen läßt, also 6 bis 10 Prozent der Wärmemengen bleiben ungenutzt, die Sie zum Teil nicht wieder verwenden können. An Kondenswasser können Sie selbstverständlich nie sparen, ganz gleich, ob Sie auf diese oder jene Weise verdampfen. Das, was Sie verdampfen, müssen Sie in irgendeiner Form der Wärme anwenden, Sie müssen dieselbe Menge Wasser, die Sie verdampfen, rund gerechnet, im Kondensator wiederfinden. Sie können an Wärmeeinheiten im Kondensat nur dadurch sparen, daß Sie es mit so niedriger Temperatur als möglich aus der Verdampfstation passieren lassen. Das Wasser geht aber nicht von einem Apparate zum anderen, sondern es wird jedesmal ein Abdunstgefäß eingeschaltet, in das man den Brüden abdunsten läßt und dann das Kondensat von Wasserabscheider bzw. Kondenstopf zu Wasserabscheider weiterleitet. Dadurch kann man erheblich sparen. Ich habe ausgerechnet, daß bei einer Anlage von 2 Saftkochern und 4 hintereinander geschalteten Apparaten pro 100 kg Rüben eine Ersparnis von 7 kg Dampf zu ermöglichen ist, wenn man sämtliche Wasser weiterschickt und sammeln und abdunsten läßt. Diese Ersparnis fällt in dieser Höhe bei einem Arbeiten mit 2 Apparaten und hoher Temperatur im Kondensator weg. Aber die anderen Vorteile sind wesentlich größer. Von der Wärme, die im Fallwasser und im Kondensat verloren geht, wird ein großer Teil wieder benutzt werden können zum Kesselspeisen, zum Pressenabsüßen, zur Tücherwäsche, zu mancherlei Zwecken und zur Diffusion. Ich nehme an, daß man in der Diffusion so arbeiten wird, besonders bei Trocknung der Schnitzel ohne weiteres, daß man sie mit Wasser nicht unter 70 bis 80° hineinarbeitet. Dadurch werden Sie im Druckwasser zwei Wärmemengen, das Fall- und Kondenswasser, ausnutzen, immerhin werden Sie aber noch einen Verlust im Kondensat und Fallwasser von 18 bis 22 kg haben.

Wo Sie aber in der Ersparung von Wärmeeinheiten ohne weiteres eingreifen können, ist das, daß Sie wesentlich größere Sorgfalt verwenden auf die Bekleidung Ihrer Gefäße und Rohrleitungen. Daß Sie besondere Sorgfalt darauf verwenden, jedes Gefäß, das nicht unbedingt notwendig ist, auszuschalten und die Verdampfstation so einfach wie möglich zu gestalten. Es wird eingeworfen werden, daß man diese hohen Temperaturen nicht verwenden könne, und Herr Professor *Herzfeld* wird sich darüber auslassen und große Bedenken haben, den Dicksaft noch mit einer Temperatur von 111° zu behandeln. Ich habe, soweit ich beobachtet, bei *Kestner*-Apparaten kein Bedenken gegen diese Temperatur. Im Dünnsaft haben wir bequem mit 130 bis 132° gearbeitet, ohne auch nur die geringste Veränderung nachweisen zu können. Der Aufenthalt des Saftes im *Kestner*-Apparate ist so kurz, und es können auch Saftteile nicht zurückbleiben; alles, was in den Apparat hineinkommt, muß unter allen Umständen wieder heraus, so daß ich glaube, daß man diese Temperaturen bei *Kestner*-Apparaten auch für Dicksaft anwenden kann.

Ich erinnere daran, daß Sie diese Temperaturen ja annähernd auch beim zweiten Produkt schon anwenden und die Füllmasse stundenlang, ja fast tagelang dieser hohen Temperatur aussetzen und dadurch nur geringe Veränderungen und Zuckerverluste wurden, so daß ich glaube, daß man es wohl riskieren könnte, mit Verdampfstationen in dieser Weise zu arbeiten.

In alten Fabriken werden sich Schwierigkeiten entgegenstellen, da sich die ganzen Maschinen nicht herauswerfen lassen, aber für die Einrichtung einer neuen Fabrik könnte man bequem so vorgehen. Ich habe Gelegenheit gehabt, in Rußland eine Fabrik zu sehen, in der die ganze Fabrik nur eine einzige Krafterzeugung hatte, das war eine Turbine, die arbeitete mit einem hohen Gegendruck, annähernd eine Atm. Man hat dort schon angefangen, auf dieses Prinzip hinzuarbeiten, eine einzige Kraftanlage zu wählen und die Maschine mit möglichst hoher Gegenspannung arbeiten zu lassen und den Rückdampf in den Apparat hineinzubringen, den wir in Deutschland als zweiten Saftkocher bezeichnen. Man hat die Turbine unmittelbar neben das

Kesselhaus und die Apparate unmittelbar neben die Turbine aufgestellt, um Ausstrahlungs- und Abkühlungs-Verluste auf ein Minimum zu reduzieren.

Das wäre im großen und ganzen alles, was ich Ihnen über die Frage sagen könnte. Ich bin leider nicht so vorbereitet, daß ich Ihnen ausführliche Mitteilungen machen und noch besseres Zahlenmaterial beibringen könnte.

Soweit die Rede des Herrn *Loß*, die viel bringt, und auch vielerlei. Sie gibt Verhaltungsmaßregeln, die nicht nur für jede Zuckerfabrik von Wert sind, sondern die auch für jeden Dampfbetrieb ihre Geltung haben. Wir tun am besten, wenn wir das Allgemeine ausscheiden und uns auf das beschränken, was der Titel unseres Buches als zu behandelndes Thema nennt: „Das Verdampfen und Verkochen, speziell in der Zuckerindustrie", und führen uns das vor Augen, was uns Herr *Loß* als Neues in dieser Branche vorschlägt gegenüber dem, was wir bis jetzt als normal zu bezeichnen pflegten. Rom ist auch in diesem Falle nicht an einem Tage gebaut, und Erfindungen wachsen nur selten in einer Nacht zur Reife aus, und so ist es auch hier. Wie schon erwähnt, hat bereits *Rillieux*, der oft Genannte, im Jahre 1883, also längst vor *Claassen* und *Abraham*, auf die sich *Loß* beruft, denselben Plan verfolgt, den Herr *Loß* jetzt weiter ausspinnt, und unser *Walkhoff* hat auch schon früher darauf aufmerksam gemacht, wie mit dem Weiterausbau des *Greiner-Pauly*-Systems die letzten Körper an Bedeutung mehr und mehr verloren haben, so daß kaum noch für einen Kondensator im alten Sinne etwas zu tun übrig blieb. Die Anteile an der Verdampfung wurden immer kleiner, je weiter man die Saftdämpfe für die Anwärmungen außerhalb der Verdampfung selbst benutzte, und so war man schon einmal dicht daran, die Kondensation als besondere Station aufzugeben. Es kommen immer mal Gedanken auf und verflüchtigen sich wieder, wenn man sie für den Augenblick als weniger wichtig zu erkennen glauben darf; sie tauchen wieder auf mit kleinen Verbesserungen und mit neuen Gesichtspunkten. So hier. *Rillieux* scheiterte, weil ihm die Temperatur fehlte, die zur Durchführung seiner Idee nötig war: es fehlte ihm der Mut, höhere Temperaturen und größere Dampfspannungen einzuführen. Diese Scheu ist nach und nach überwunden, und jetzt geht Herr *Loß* mit Energie und auf Grund seiner Erfahrungen und Beobachtungen von neuem auf das ältere Ziel los. Herr *Loß* — so ist sein Plan und sein Vorschlag — fängt an den Dünnsaft abzudampfen, wenn derselbe die Temperatur von 125° C erreicht hat. Er setzt das Abdampfen bei 111° wieder ab, wobei der Saftdampf eine Spannung erlangt hat, bei der es sicher ist, einerseits, daß alle unkondensierbaren Gase aus der Reihe der Verdampfkörper und der Rohrleitungen ausgestoßen werden, und daß andererseits der Saftdampf Temperatur genug behält, bei seiner Kondensation an den Wandungen von Heiz- und Kochgefäßen seine Verdampfungswärme nutzbar zu verwenden, und zwar für alle Zwecke der Fabrikation. Herr *Loß* empfiehlt einen Zwei-Körper-Apparat, wobei natürlich ein Körper je aus einer Gruppe von Körpern bestehen darf (es ist zu bedauern, daß das Wort „double-effet" aus Fanatismus ausgemerzt ist —

ein Wort, welches das Gemeinte am richtigsten wiedergibt); eine Station von mehr als zwei Stufen gestattet nach Herrn *Loß'* Meinung die vorhandene Temperatur-Differenz, das vorhandene Temperatur-Gefälle, nicht.

Wir haben also einen Verdampf-Apparat mit einem Heizdampf von etwa 135° C — 2,2 Atm. Überdruck und mit einer Saft-Kochtemperatur von 122° im ersten Körper; im zweiten Körper haben wir als Heizdampf denselben Dünnsaftdampf von 122° und einen Dicksaftdampf von 111°, der mit 0,55 Atm. Überdruck den Körper verläßt, selbstverständlich, um irgendwo zu kondensieren. „Um zu kondensieren." Denn das Kondensieren soll und kann ja nicht ausgeschaltet werden, sondern nur das Kondensieren unter Luftverdünnung und mit Einspritz-Wasser-Kühlung.

Das Bild stellt sich vor uns mit dem Anspruch auf allseitige Zustimmung, wegen seiner Einfachheit und Schlichtheit, seiner Durchsichtigkeit und Überzeugung, es bringt einen Befreiungs- und Erlösungs-Gedanken, wie wenn ein Bann von uns genommen würde.

Aber, was tun wir denn mit dem Überbordwerfen der Luftpumpe?! Wir setzen an Stelle eines wohlüberlegten recht sparsamen Fünf-, vielleicht auch wohl Sechs-Körper-Apparates einen Zweikörper, einen Embryo, den wir vor 70 Jahren bewundert haben würden, jetzt aber mit Kopfschütteln kaum noch verstehen können, einen Apparat, der uns das Doppelte an Heizdampf kosten muß gegenüber dem, den wir jetzt fast als Gemeingut seit Jahren zu nutzen verstehen! Ist das ein würdiger Tausch, den wir erjagen wollen? Das hieße doch nichts anderes als den Dampf, den wir jetzt in den Zylinder der Luftpumpen-Maschine schicken, von nun an dem Verdampfer opfern, den Dampf einen anderen Weg gehen heißen, statt Dampf zu sparen, was wir doch allein bei jeder Änderung anstreben sollen. Sonst lieber keine Änderung vornehmen! Und nun gar solche Verstümmelung, die einen physikalischen Rückschritt bedeutet!

Aber damit ist es noch nicht abgetan! Es kommt vielmehr hinzu, daß das ganze Dampfsystem doch wenigstens auf 8 Atm. Überdruck gebracht werden muß, 4 Atm. höher als bis dahin als das theroetisch und praktisch Bewährte erkannt wurde, und daß damit eine Reihe Umwälzungen in der ganzen Fabrik sich melden wird zur Berücksichtigung seitens der neuen Anforderungen. Das alles ist gewiß wiederum nicht unüberwindlich; aber man denke es sich darum doch nicht etwa leicht, denn da werden unsere Herren Dampfkessel-Überwachungs-Vereinler, denen auch die Dampffässer zur Prüfung unterstehen, manch ernstes Wort mit uns zu reden begehren, weil alles das, was wir an Heizkörpern und Doppelböden, an Gefäßen und Pfannen im Gebrauch haben, unzureichend kräftig und nicht widerstandsfähig befunden werden wird, gegenüber den stärkeren Beanspruchungen, den der stärkere Dampfdruck gebietet. Alles Diesbezügliche muß unweigerlich neu durchkonstruiert und erprobt werden, und es wird viel Mühe und Arbeit kosten, in jeder Weise den neuen Forderungen gerecht zu werden.

Und wenn wir mit dem Wachsen der Temperaturen und Spannungen auch nicht mehr in ein unbekanntes Gebiet und in ein Feld des Ängstlichen

9*

und Gefährlichen hineingeraten, so streifen wir doch das in der Zuckerfabrik Bedenkliche, was uns nötigt, überall dort (z. B. bei Rohrleitungen und Rohrnetzen) vorsichtiger zu sein als früher, wo sich alles „harmloser" erledigen ließ. Jedenfalls müssen wir um so gewissenhafter und sorgsamer werden, je höher wir mit den neuen Forderungen über das bis dahin Gewohnte hinauswachsen.

Auch die Frage der Wasserbeschaffung darf nicht ganz unberührt bleiben.

Wird uns der alte Kondensator auch wirklich entrückt werden mit seinem in der Tat entbehrlichen und unsinnigem Wasserverbrauch, der ja übrigens von Stufe zu Stufe mit der Verbesserung der Verdampfung geringer geworden ist, so können wir doch einen noch immer übermäßigen Wasserverbrauch nicht ganz entbehren.

Der Wasserverbrauch hat uns wohl im großen und ganzen zu viel Kraft gekostet, — das müssen wir bei gewissenhafter Prüfung zugestehen — aber dieser Luxus hat so viel Unkosten doch nicht veranlaßt, wie man annehmen mag. Ist die Wärme des Fallwassers doch bis zum letzten Titelchen ausgenutzt worden in der Verwendung desselben beim Rübentransport und bei der Rübenwäsche und zu noch niedrigeren Allgemeindiensten bis herab zur Beheizung abgelegener Fabrikräume. An allen Ecken und Enden würde es schwer vermißt werden, wenn es ganz fehlte. Aber es wird in Form weniger großer Menge, aber bei erhöhter Temperatur, nicht fehlen.

Leider wird uns unsere traurige, namenlos elende Zeit von jedem fortschrittlichen Tun für lange Zeit fernhalten; wir werden unsere schwere Not haben, uns zu halten, wie wir jetzt sind. Trotzdem dürfen wir die Hoffnung nicht begraben, daß wir auch die hier von Herrn *Loß* aufs neue angeregten Pläne zur sachlichen Erledigung führen werden. Ein neuer gordischer Knoten! Welcher Alexander wird ihn mit seinem Schwerte zerhauen?!

Braunschweig, den 13. Mai 1920.   *W. Greiner.*